企業の持続的発展を支える
人材育成
品質を核にする教育の実践

一般社団法人 日本品質管理学会 監修
村川　賢司　著

日本規格協会

JSQC選書
JAPANESE SOCIETY FOR
QUALITY CONTROL
29

JSQC 選書刊行特別委員会

(50音順,敬称略,所属は発行時)

委員長	飯塚　悦功	東京大学名誉教授
委　員	岩崎日出男	近畿大学名誉教授
	長田　　洋	東京工業大学名誉教授
	久保田洋志	広島工業大学名誉教授
	鈴木　和幸	電気通信大学大学院情報理工学研究科情報学専攻
	鈴木　秀男	慶應義塾大学理工学部管理工学科
	田中　健次	電気通信大学大学院情報理工学研究科情報学専攻
	田村　泰彦	株式会社構造化知識研究所
	水流　聡子	東京大学大学院工学系研究科化学システム工学専攻
	中條　武志	中央大学理工学部経営システム工学科
	永田　　靖	早稲田大学理工学術院創造理工学部経営システム工学科
	宮村　鐵夫	中央大学理工学部経営システム工学科
	棟近　雅彦	早稲田大学理工学術院創造理工学部経営システム工学科
	山田　　秀	慶應義塾大学理工学部管理工学科
	小梁川崇之	一般財団法人日本規格協会

●執筆者●

村川　賢司　前田建設工業株式会社

発刊に寄せて

　日本の国際競争力は，BRICs などの目覚しい発展の中にあって，停滞気味である．また近年，社会の安全・安心を脅かす企業の不祥事や重大事故の多発が大きな社会問題となっている．背景には短期的な業績思考，過度な価格競争によるコスト削減偏重のものづくりやサービスの提供といった経営のあり方や，また，経営者の倫理観の欠如によるところが根底にあろう．

　ものづくりサイドから見れば，商品ライフサイクルの短命化と新製品開発競争，採用技術の高度化・複合化・融合化や，一方で進展する雇用形態の変化等の環境下，それらに対応する技術開発や技術の伝承，そして品質管理のあり方等の問題が顕在化してきていることは確かである．

　日本の国際競争力強化は，ものづくり強化にかかっている．それは，"品質立国"を再生復活させること，すなわち"品質"世界一の日本ブランドを復活させることである．これは市場・経済のグローバル化のもとに，単に現在のグローバル企業だけの課題ではなく，国内型企業にも求められるものであり，またものづくり企業のみならず広義のサービス産業全体にも求められるものである．

　これらの状況を認識し，日本の総合力を最大活用する意味で，産官学連携を強化し，広義の"品質の確保"，"品質の展開"，"品質の創造"及びそのための"人の育成"，"経営システムの革新"が求められる．

"品質の確保"はいうまでもなく，顧客及社会に約束した質と価値を守り，安全と安心を保証することである．また"品質の展開"は，ものづくり企業で展開し実績のある品質の確保に関する考え方，理論，ツール，マネジメントシステムなどの他産業への展開であり，全産業の国際競争力を底上げするものである．そして"品質の創造"とは，顧客や社会への新しい価値の開発とその提供であり，さらなる国際競争力の強化を図ることである．これらは数年前，(社)日本品質管理学会の会長在任中に策定した中期計画の基本方針でもある．産官学が連携して知恵を出し合い，実践して，新たな価値を作り出していくことが今ほど求められる時代はないと考える．

ここに，(社)日本品質管理学会が，この趣旨に準じて『JSQC選書』シリーズを出していく意義は誠に大きい．"品質立国"再構築によって，国際競争力強化を目指す日本全体にとって，『JSQC選書』シリーズが広くお役立ちできることを期待したい．

2008年9月1日

社団法人経済同友会代表幹事
株式会社リコー代表取締役会長執行役員
(元 社団法人日本品質管理学会会長)

桜井　正光

まえがき

　高い顧客価値と競争力のある製品・サービスを創り，持続的発展を遂げる源泉として，企業の価値観・技術・技能を正しく受け継ぎ，創造力が豊かで，問題解決や課題達成に優れた人材が望まれている．しかし，第一線職場の人々をはじめ管理者，経営層などに対して，激変し予断を許さない経営環境に的確に対応できる資質をどのように育んでいくかに苦慮することも多い．

　本書は，TQM（総合的品質管理）の基盤に人材育成を位置付け，社会に価値をもたらす製品・サービスを創造し提供して企業の持続的発展を支える人材育成の要として品質を核心とする教育を据え，その考え方，仕組み，実践的な取組みの要諦をまとめたものである．

　大要は，顧客価値創造，経営目標・戦略の達成，人の成長の実現を念頭に置き，第一線職場の人々から管理者・経営層に至る各階層と各部門に必須となる能力の把握，中長期的視点に立った人材育成計画の大切さ，能力を充足するための教育体系と研修プログラムの確立と実践上のキーポイント，人材育成の実現度合いの評価と改善の要点，人材育成を運営管理する仕組みなどである．

　本書は，JSQC-Std 41-001:2017（品質管理教育の指針）と相互補完的に併用することによって相乗効果が得られるように留意したうえで，次の6章から構成されている．

　第1章は，企業の持続的発展は人材に委ねられるという視点から人材育成を顧み，TQMにおける位置付け，デミング賞を受賞し

た優良企業における人材重視の理念，経営層が担う役割を述べる．

第2章は，部門別階層別に人材がもつべき必要能力と実現能力の乖離(かいり)を分析し，充足するための中長期人材育成計画を詳説する．

第3章は，人材育成を図る教育体系と研修プログラムを詳説し，小集団改善活動，品質保証，経営層とのかかわりを解説する．

第4章は，職場内外の研修プログラムの実践例を具体的に示す．

第5章は，教育体系，研修プログラム，個人の成長などの面から人材育成の仕組みの強み弱みを分析し，深化する方法を提示する．

第6章は，人材育成にかかわる経営層の使命，人材育成の組織的な運営管理，個人ごとの人材育成サイクルの実践について説明する．

人材育成に心を砕いている組織の経営層・管理者・担当者，高い問題意識のもとで能力開発に臨んでいる人，人材育成の実際を習得したい人など広範な読者が，本書から有効な知見を見いだして活用することによって，高邁(こうまい)な志と倫理観をもった有能な人材の育成が進展するように願ってやまない．

末筆ながら，本書執筆の機会を与えていただいたJSQC選書刊行特別委員会の飯塚悦功委員長を始めとする委員の方々，草稿に深く目を通し貴重なご助言をくださった中條武志中央大学教授，そして編集作業に尽力賜った日本規格協会編集制作チームの伊藤朋弘氏と福田優紀氏へ心からお礼を申し上げる．

2019年1月

村川　賢司

目　　次

発刊に寄せて
まえがき

第1章　企業における人材

1.1　企業の持続的発展の源は人材 ………………………………… 9
1.2　TQM（総合的品質管理）と人材育成 ………………………… 14
1.3　デミング賞受賞企業における人材育成の考え方 …………… 30
1.4　人材育成における経営層の役割 ……………………………… 34
1.5　人材育成の実効を高めるための実施事項 …………………… 37

第2章　部門・個人の充足能力の明確化と人材育成計画

2.1　部門別・階層別の必要能力の明確化 ………………………… 39
2.2　必要能力と実現能力とのギャップの把握 …………………… 44
2.3　中長期的な視点からの人材育成計画の策定 ………………… 47

第3章　人材を育成する仕組み

3.1　人材育成の全体構造を表す教育体系 ………………………… 53
3.2　多様な研修プログラムの有効な組合せ ……………………… 59
3.3　人材育成における小集団改善活動の役割 …………………… 65
3.4　品質保証にかかわる人材の育成 ……………………………… 72
3.5　経営層が人材育成に関与する仕組み ………………………… 75

第 4 章　研修プログラムとその運営

- 4.1　職場外教育での研修プログラム ……………………… 81
- 4.2　職場内教育での研修プログラム ……………………… 97
- 4.3　斬新な人材育成のための研修プログラムの開発 ……… 111

第 5 章　人材育成の実現度の評価と改善

- 5.1　企業と部門の人材育成の評価 ………………………… 118
- 5.2　個人ごとの成長の評価 ………………………………… 120
- 5.3　研修プログラムと教育体系の評価 …………………… 122
- 5.4　人材育成の仕組みに関する強み・弱みの特定 ……… 127
- 5.5　人材育成の仕組みに関する改善計画の立案と実施 … 131

第 6 章　人材を育成するための運営管理

- 6.1　人材育成活動の成否を握る経営層 …………………… 137
- 6.2　人材育成を組織的に推進する仕組み ………………… 139
- 6.3　個人ごとの人材育成サイクルの確立 ………………… 142

あとがき …………………………………………………………… 147

引用・参考文献 ……… 149
索　　引 ……… 150

第1章 企業における人材

1.1 企業の持続的発展の源は人材

(1) 長寿企業を形作るもの

創業から100年を超える歴史をもつ長生き企業は、いかなる社風のもとで、企業経営において何を重視して事業を営んできたのだろうか。老舗企業に対して行った帝国データバンクの実態調査[1]にその一端をうかがい知ることができる。調査企業へのアンケートにおいて、社風を漢字一文字で表現したときに最も多かった回答は"和"、次に"信"、続いて"誠"、"真"、"心"となった［図1.1(a)参照］。また、企業として重要視することを漢字一文字で表現したときに最も多かった回答は"信"、次に"誠"、続いて"継"、"心"、"真"となった［図1.1(b)参照］。社風と重要視していることの両者で重なっている文字が多く、従業員、顧客、社会などの様々な利害関係者と和して信頼感を得るとともに、誠実であろうとする長寿企業の志がにじみ出ている。

近代国家を目指した明治期以降、第一国立銀行（現みずほ銀行）、東京瓦斯（現東京ガス）など500以上といわれる企業の設立にかかわり、日本の資本主義の父とも称せられる渋沢栄一（1840～1931）は、「事業経営に利益を希望するは当然である。されどそ

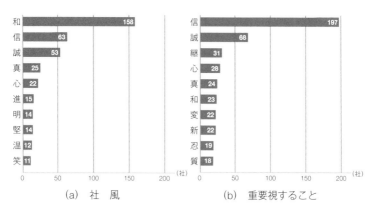

図 1.1 漢字一文字で表現した老舗企業の社風と重要視すること
［出典　引用・参考文献 1)をもとに作成］

の結果ばかりに着眼せず，まず己れの本分をつくすことを目的として，事に従うべきものである．」[2] と説いた．事業を営む以上は利益を上げることは必須であるが，利益だけを第一義にせず，身を賭す事業の根本となる目的が何であるかを失念してはならないことを戒めている．また，「その商業の強固に発達する原因は何であるか，結局その人の思想が堅実にして，事に処し物に応じて，適当なる働きを為すにある．」[3] という経営観も表している．企業の健全な成長・発展の源として，事業遂行を担う一人ひとりが本分を十分に理解し，また認識し，経営環境の変化に対して自立的に考えて適切な行動をとることが肝要という思考が眼目であろう．

渋沢栄一を日本における優れた起業家として高く評価したP.F. ドラッカー（1909〜2005）は，知識労働者の明日の生き方として，自らをマネジメントするうえで，「(1)自分は何か．強みは

何か．(2)自分は所をえているか．(3)果たすべき貢献は何か．(4)他との関係において責任は何か．(5)第2の人生は何か．」[4]を各人が真摯に考えることを勧めている．

(2) 持続的発展を促す基本的な要件

長寿企業たらしめるものは何かに思いを巡らすと，企業の持続的発展を促す基本的な要件として次のことに思い至る．

第1点目は，起業の志を表している社是・企業理念・事業目的などに込められた起業の原点を見失わないことである．バブル景気と崩壊，金融危機など経営環境の激変に遭遇したときに，起業精神から逸脱した拙速な事業領域の転換や拡大によって，顧客や社会が期待している道から外れ，経営危機に陥った企業は少なくない．現在の企業は，グローバル化に伴った顧客，パートナー，また生産拠点の世界規模での時空を超えた拡大，ITを活用した処理速度の飛躍的な進歩など，大きく変容する時代に直面している．経営環境とともに移ろう事業リスクを直視したうえで，起業時から営々とつないで頑健にしてきた事業モデルに軸足を据えた身の丈にあった愚直な経営姿勢を亡失しては，激変する時代を乗り切ることが難しくなっている．

第2点目は，事業の成功において利益追求は不可欠であるが，公の便益を旨としていることである．公のため，社会のためという思想を企業文化に埋め込み，事業遂行を担う一人ひとりがこれを自覚して実践することが，結果的に持続的発

展を支えることになる．利益だけを追求している企業はいずれ顧客や社会からの支持を失い衰退するという認識を，事業にかかわっているすべての人々が共有することが肝要となる．

　第3点目は，様々な利害関係者と和し，事業の中核となる製品・サービスを通して誠実に顧客価値を提供し，信頼感を得ることが，企業の持続的発展を根底で支えているということである．ここでいう顧客価値とは，企業が提供する製品・サービスを通して顧客が認識する価値のことであり，現在は認識されていなくても将来認識される可能性がある価値も含まれる．企業の仕組みやプロセスの成果や能力に大きな影響を与え得る顧客，従業員，供給者，投資家，社会など，企業と密接にかかわる利害関係者との良好な関係性のもとで高い信頼感を築くことが，持続的発展の道を開く．

　第4点目は，前記の3点を実現するのは，すべて人がなせる業という視点をもつことである．経営環境の劇的な変化の渦中において，企業が製品・サービスを通して顧客と社会が認める価値を創造し提供していくための組織能力を高めて維持するうえで，人材は欠くことができない．そして，一人ひとりの行動が組織能力の発揮に影響する．各人が，各々の責任と権限において役割を果たすために必要な思考，資質，経験，技術・技能などの重要性を理解し，これらを身につける機会として教育・訓練などの場において自ら能力を高め，実務で行動を起こすことが重要になる．なお，企業の持続的発展を源で支える人々を表す言葉として，人財，人才などと表現されることもあるが，本書はこれらの意味を含めた総称として"人材"を用いる．

(3) 自ら考え行動できる人材が企業を支える

　検査データの改ざん，不適格者による仕事，標準で認められていない作業行為などに端を発する品質問題は，顧客や社会からの非難を浴び，経営陣が退陣を余儀なくされることがある．これらは長い年月をかけて培ってきた企業の信頼感を一朝にして崩壊させる．

　経営層は，顧客のニーズや期待の急速な変化とグローバル市場に対処するための経営目標・戦略の策定とその実現に迫られている．その結果，企業規模が大きくなるにつれて，第一線職場での品質の作り込みは従前どおりという認識のもとで，三現主義で実態を把握する機会を縮小してしまうことがある．一方，多様化するサプライチェーンの中でコスト低減，納期短縮などにさらされる第一線職場では，流動化する就業形態のもとで高度化・複雑化する品質面などの多くの要求事項に対処しなければならない．

　第一線職場に経営層の目が行き届きにくい状況が増大するにつれ，職位・職能に応じて一人ひとりが，品質を実現するために必要な知識・技術・技能などの固有技術，その固有技術を効率的に活かすための管理技術，高い顧客価値のある製品・サービスを重視する企業文化や価値観などを育むことが一層望まれる．

　これらの能力を一朝一夕で獲得することは至難であるので，中長期的な視点から経営目標・戦略を実現するための品質管理教育などの人材育成の仕組みを組織的に確立していることが必要になる．そして，品質を作り込む一人ひとりの仕事の結果の良し悪しが顧客や社会にどのように影響するのか，例えば，標準を順守できなかったことによる品質上の不具合が顧客・社会の安全性などの期待をどの

くらい損なうのか，などをしっかりと自覚でき，顧客価値を確実に提供し得る，自ら考えて正しい行動がとれる人材を養成することが必須になる．

自立的に考えて行動できる人材が欠け，自職域の権益に固執する高度に複雑化した専門家の縦割りサイロで固まった企業は，顧客や社会のニーズや期待に応える能力が減退し，徐々に衰退していく道をたどることになる．

1.2 TQM（総合的品質管理）と人材育成

(1) TQM（総合的品質管理）とは

経営環境の急激かつ急速な変化の中で，顧客や社会のニーズや期待も著しく変貌する．また，企業がもっている技術や人材の状況も刻々と変わっている．企業が持続的発展を遂げるには，このような変化の中でも，顧客や社会が求める価値を創造し，満足を獲得し続けることが必要である．これによって，競合企業に対する相対的な競争優位性を強化でき，顧客や社会からの支持を得られ，その結果として企業としての社会的な存在意義を高められる．

TQM（Total Quality Management：総合的品質管理）は，「品質／質を中核に，顧客及び社会のニーズを満たす製品・サービスの提供と，働く人々の満足を通した組織の長期的な成功を目的とし，プロセス及びシステムの維持向上，改善及び革新を全部門・全階層の参加を得て様々な手法を駆使して行うことで，経営環境の変化に適した効果的かつ効率的な組織運営を実現する活動．」[5]であり，

企業の長期的な発展に貢献するための経営の道具として重要な役割を担っている．TQMの概念は図1.2のように表せる．

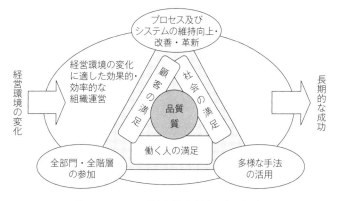

図 1.2 TQM（総合的品質管理）の概念
［出典　JSQC-Std 00-001:2018, p.4 より転載］

(2) TQMの中核となる活動——維持向上・改善・革新

TQMの中核となる活動は，"維持向上・改善・革新"である．経営環境が激しく変化する中にあって，顧客や社会が求める価値を生み出し続けるには，プロセスやシステムを絶え間なく維持向上・改善・革新し続けなければならない．

"維持向上"は，狭い意味でいう管理であり，目標を現状または現状の延長線上に設定し，目標から外れないように，また外れた場合はプロセスやシステムの中の変化した原因を追究してもとに戻すこと，さらには現状よりも良い結果が得られるようにすることを目指す活動である．

また，"改善"は，目標を現状より高水準に設定したうえで，そ

の達成のために解決すべき問題や課題を特定し，問題解決や課題達成を繰り返し行うことを目指す活動である．維持向上と改善は，広い意味の改善であり，企業内の仕組みやプロセスの運用・学習を通して知識・知見を優れたものに導く．

一方，"革新"は，企業内の他部門や企業外部で創出された新規の技術的な知識・知見の導入とその新機軸での活用などによって，現行の仕組みやプロセスを不連続に変更し，過去に実現が難しかった大きな成果を得ることを目指した活動である．

維持向上・改善・革新の相互関係を図 1.3 に示す．この図は，企業におけるプロセスやシステムの成果・能力を継続的に高めていくには，維持向上・改善・革新の三つの活動のいずれかの活動だけを行ったり，ある活動に偏ったりすることを避け，これら三つの活動を状況に応じて循環的に行うこと，すなわち，改善や革新を行った後は，維持向上により成果を定着させ，維持向上だけでは解決や達

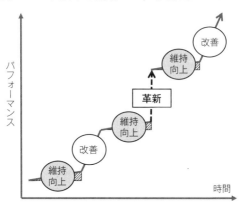

図 1.3 維持向上・改善・革新の相互関係
［出典 JSQC-Std 32-001:2013, p.6, 図 1 をもとに作成］

成が困難な問題や課題に直面したときには，改善に取り組むこと，さらには従来の枠を打ち破った革新に挑戦することが必要なことを示している．

(3) TQM を推進するための組織的な取組み

顧客の満足，働く人の満足，社会の満足の向上を目指して，プロセス及びシステムの維持向上・改善・革新を，全部門・全階層の参加を得て，多様な科学的手法を活用しながら実践するためには，組織的な取組みが重要になる．TQM を推進するうえで重要な柱となる五つの組織的な取組みの相互関係を図 1.4 に示す．これらの活動については日本品質管理学会（JSQC）規格，JSQC-Std 00-001:2018（品質管理用語）[5]において表 1.1 のように定義されている．

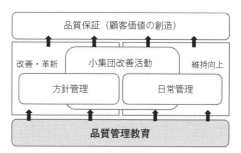

図 1.4 TQM を推進するための組織的な取組みの相互関係
［出典　JSQC-Std 41-001:2017, p.5, 図 1 より転載］

① 品 質 保 証

品質保証を確実に行うためには，顧客や社会の多面的なニーズと期待を的確に捉えて，企画・開発・設計段階でねらいを明確にし，それに合致する製品・サービスを実現する必要がある．ねらい

表 1.1 TQM を推進するための組織的な取組み

用　語	日本品質管理学会による定義
品質保証	顧客・社会のニーズを満たすことを確実にし，確認し，実証するために，組織が行う体系的活動．
方針管理	方針を，全部門・全階層の参画のもとで，ベクトルを合わせて重点指向で達成していく活動．
日常管理	組織のそれぞれの部門において，日常的に実施されなければならない分掌業務について，その業務目的を効率的に達成するために必要なすべての活動．
小集団改善活動	共通の目的及び様々な知識・技能・考え方を持つ少人数からなるチームを構成し，維持向上，改善及び革新を行うことで，構成員の知識・技能・意欲を高めるとともに，組織の目的達成に貢献する活動．
品質管理教育（品質マネジメント教育）	顧客・社会のニーズを満たす製品・サービスを効果的かつ効率的に達成する上で必要な価値観，知識及び技能を組織の構成員が身につけるための，体系的な人材育成の活動．

［出典　JSQC-Std 00-001:2018, pp.20–23 より転載］

とニーズがどれだけ合っているかは"ねらいの品質"，ねらいと製品・サービスがどれだけ合っているかは"できばえの品質"といわれる．これらの品質は，市場調査やその結果に基づく企画，研究開発，設計・試作評価，調達，生産・サービス提供，販売，アフターサービス，さらには回収・再利用・廃棄などに至る一連のプロセスが有機的に結びついて初めて実現できる．このような一連のプロセスを仕組みとして表現したのが"品質保証体系図"である．

図 1.5 は，品質保証体系図の例である．この図では，縦軸に製品・サービスが企画されて廃棄などに至るまでのすべての段階を，横軸に関連する利害関係者（例えば，顧客，設計・製造・販売・品

1.2 TQM（総合的品質管理）と人材育成

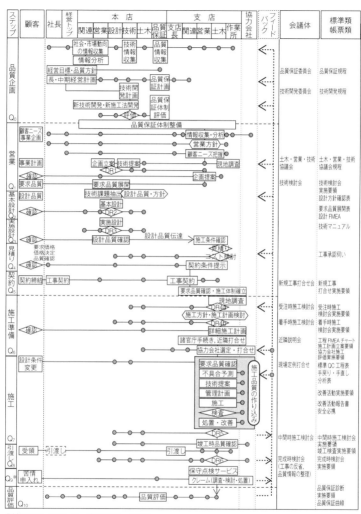

図 1.5 品質保証体系図の事例
［出典　引用・参考文献 8），p.889，図 11.5 をもとに作成］

質管理などの部門,供給者・協力会社などパートナー)を取ったうえで,どの段階でどの関係者が品質保証に関してどのような活動を行うかの大綱が示されている.また,右端の2列には,対応する会議体と関連標準・帳票が示されている.品質保証体系図は,品質保証のための一連のプロセスを,透明性をもって表し,品質保証を行ううえで必要となる技術的な知識・知見や情報を体系的に組織内に伝承する役割を担っている.これによって,品質保証にかかわる人々が品質保証に必要な管理方法や要点を学習し習得することができるとともに,品質保証上の問題点を改善し,標準・帳票などを改良することによって,品質競争力のあるプロセスを構築していくことができる.

② 日常管理と方針管理

品質保証を効果的・効率的に実現するには,品質保証にかかわるプロセスを維持向上・改善・革新することが必要となる.これらの活動は,日常管理と方針管理の取組みによって推進できる.図1.6は,ある企業における日常管理と方針管理の位置付けを示したものである.

企業内の各部門がその業務を滞りなく遂行していくためには,業務を行うためのプロセスの確立が必要になる.その進め方は,まず,日常的に実施しなければならないことを定めた分掌業務に基づき,各部門が果たすべき使命・役割を明確にする.次に,使命・役割の達成度を測る尺度(管理項目,管理水準など)と達成するための手段(標準,帳票など)を決める.そのうえで,それらに基づき日常業務の結果とプロセスを評価し,異常,手戻り・手直し,

1.2 TQM（総合的品質管理）と人材育成

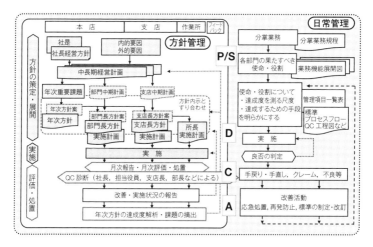

図 1.6 ある企業における方針管理と日常管理の位置付け

不良，クレームなどが出現した場合は日常業務の進め方を継続的に改善していく維持向上を繰り返すことによって，日常業務の遂行を確実なものにしていく．このような仕組みが日常管理である．日常管理においては，まずは標準を定め，それに従って業務を行い，うまくいかなければ標準を改訂するSDCA（Standardize—Do—Check—Act）サイクルの考え方が重要となる．

改善や改革のためには，問題や課題を絞る必要がある．問題や課題は目標と現状とのギャップとして認識できるため，目標を明確にすることが大切となる．方針管理は，社是や中長期経営計画に基づいて全社の年度方針を策定し，これを達成するために，上下の職位または関連部門同士が十分なすり合わせを行いながら方針を組織の階層に沿って展開する．ここでいう方針とは，目標（到達すべき

点)とその目的(重点課題と呼ばれる),目標を達成するための手段(方策と呼ばれる)をセットにしたものである.そのうえで,それぞれの職位・職能が自分の役割に応じた実施計画を立案し,実施する.また,計画どおり実施できているか,目標を達成できているかの確認を定期的に行い,必要な処置を取る.さらに,年度末には,方針の実施状況・達成状況を評価し,次年度の方針の策定につなげる.このような過程を通して現状打破を組織的に推進する仕組みが方針管理である.方針管理においては,計画段階で十分な議論を尽くすこと,すなわち Planning に力点を置いて PDCA サイクルを回すことが大切である.また,日常管理が機能したうえで,日常管理を基盤にして初めて実効を上げられるという認識をもつことが重要である.

③ 小集団改善活動

維持向上・改善・革新を行う場合,コミュニケーションの取りやすい少人数のチーム(小集団)を編成し,取り組むのが効果的である.これが小集団改善活動である.

小集団改善活動は,部門横断または部門別に期限付きのチームを編成して問題解決や課題達成に取り組む場合(チーム改善活動と呼ばれる)と,同一職場内でチームを編成し,継続して管理・改善を行う場合(QC サークル活動と呼ばれる)などがある.問題や課題の難易度,参加するメンバーの能力などを勘案して複数のタイプの小集団改善活動をうまく活用し,全員参加の活動ができる場作りが重要となる.ある企業における,部門横断のチーム改善活動と部門ごとの QC サークル活動の改善テーマ例と特徴を示す(図 1.7).

1.2 TQM（総合的品質管理）と人材育成　　23

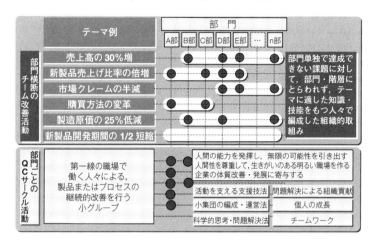

図 1.7 ある企業における部門横断のチーム改善活動と
部門ごとの QC サークル活動のテーマ例と特徴
［出典　引用・参考文献 9)，p.114，図 3.15 をもとに作成］

(4) TQM における人材育成の位置付け

1.2(1) で述べたような TQM において，人材育成はどのような位置付けにあるのであろうか．

TQM の実施において，品質保証，日常管理，方針管理，小集団改善活動などの諸活動の実効を上げるには，各活動の目的を実現できる組織能力が備わっていなければならず，組織能力を支える一人ひとりの能力を高めるための人材育成が起点になる．企業には多種多様な問題や課題が数多くあり，一部の人だけで解決または達成することは難しく，また一人が必要なすべての知識や技能をもっているわけでもない．このため，価値観を共有する複数の人々が連携し協力した全員参加の TQM の実施が必要になり，能力のある人々を

育むための人材育成を計画的に行うことになる．

　問題や課題の短期解決のために能力を備えている人を企業外部に求める場合もあるが，長期的な視点では企業内の人材の能力育成に軸足を置くことが重要になる．なぜならば，人材育成を企業内で実装することによって，働く人々が自らのキャリアを形成でき，潜在能力の発見や発揮にもつなげられる．また，一人ひとりの働く満足，仕事に対するやる気や自企業に対する忠誠心の向上にも貢献する．この結果として，企業の組織能力の向上や活性化が継続性をもって図られるようになる．

　経営層が，直近の経営課題の解決に目を過度に奪われることなく，中長期的な視点を要し効果が現れるまでに時間がかかる人材育成という基盤強化への努力を絶やさない企業文化の醸成，人材育成を重視した中長期の経営目標・戦略の策定，人材育成のための組織作りなどに目を当て経営資源を充当することが，企業の持続的発展を確実なものにするために肝要といえる．

(5) TQMの基盤を形成する品質管理教育

　図1.4の概念図に示したように，TQMは品質保証（顧客価値の創造）に焦点を当てている．ただし，品質保証は，維持向上を着実に行うための日常管理と改善・革新を促進するための方針管理とが両輪となって機能することによって可能になる．また，そのような中で発生した問題の解決や挑戦課題の達成については，小集団改善活動の果たす役割が大きい．品質管理教育（品質マネジメント教育）は，これらの活動を効果的かつ効率的に実施するための組織能

力を維持し，また高めるための基盤と位置付けられる．

品質管理教育とは，「顧客・社会のニーズを満たす製品・サービスを効果的かつ効率的に達成する上で必要な価値観，知識及び技能を組織の構成員が身につけるための，体系的な人材育成の活動．」[5]を指す．

品質管理教育の目的は，品質優先の価値観を身につけること，品質管理を遂行するための知識や技能を習得すること，それらを実務へ適用する能力を高めることである．

このため，品質管理教育では，必要な能力の目標を設定して計画的な人材育成を行うための階層別分野別教育体系と個別の研修プログラムの確立，及び実践教育の場作りが不可欠な要素となる．階層別教育体系を明確にしたうえで，一般従業員，技術者・スタッフ，管理者，経営層などの階層に即した各種の研修プログラムを用意する．そのうえで，日常管理と方針管理を利用した実践教育などを体系的に運用し，相乗効果をねらうようにする．品質管理教育では，その一環として，学んだ品質管理の考え方・技法・手法などを実務に適用して応用する能力を高めるための実践教育を並行して行うことが肝要である．

品質管理教育による成果は短期的に得られることはまれである．したがって，経営目標・戦略に合わせて3年から5年の中長期的な視点から，企業を取り巻く経営環境の変化に対処するために必要となる組織能力は何かを明らかにし，その獲得を目指して品質管理教育の内容を計画し，適宜見直しながら推進するのがよい．例えば，グローバル化を進め，海外拠点を拡充している企業では，現地

に派遣する技術者・管理者や現地人材の育成について長期的な検討が必要になる．

また，企業における人員構成は，時とともに変化するため，品質管理教育をたゆまず実施することが求められる．したがって，企業としての人材育成の基本的な考え方，人材育成の方針，人材育成計画などを確立し，確実に実施していくための経営資源の確保を怠らないことが要になる．

(6) 品質管理教育の体系化

TQMを実現する人材育成の中核となる品質管理教育を組織的に実施していくためには，企業の特質にあった独自の体系化が必要になる．この体系化は，TQMに求められる人材とその能力を明らかにしたうえで，一般的には，階層別分野別教育体系によって表すことができる．

階層別分野別教育体系は，階層（例えば，経営層，管理者，一般従業員など）を縦に配置し，分野（例えば，組織が扱っている製品・サービスやその生産・提供に関する固有技術・技能，マネジメント力・問題解決力・データ分析力のような管理技術・技能，リーダーシップやコミュニケーション力のような組織人として基礎的な能力など）を横に配置したマトリックスを作成し，それらの組合せで作られる各セル内に，対応する研修プログラム（例えば，役員・トップセミナー，上級管理者革新・戦略コース，中級管理者マネジメントコース，品質管理専門セミナー，IT研修などのコース名）を布置する形態がとられる（階層別分野別教育体系の詳細は3.1参照）．

1.2 TQM（総合的品質管理）と人材育成

TQM に求められる人材とその能力を明らかにするためには，経営目標・戦略と組織の現状を踏まえて，求められる能力と水準を決める必要がある．表 1.2 は，TQM において求められる能力を大まかに区分したものである．これらの能力について，どう細分化・項目分けするのがよいのか，組織における各人の立場と役割に応じてどのくらいのレベルを求めるのがよいのかは，企業ごとに異なる．表 1.3 に，JSQC-Std 41-001:2017（品質管理教育の指針）[7] で推奨

表 1.2 TQM において求められる能力

区　分	内　容
基本的な用語・概念，行動原則などの理解と適用力	・基本的な用語・概念には，品質・質，プロセス，システム，維持向上，改善などがある． ・行動原則には，顧客重視，プロセス重視，標準化，PDCA サイクル，重点指向，事実に基づく管理，全員参加，人間性尊重などがある．また，PDCA サイクルをより具体化した問題解決の手順（課題達成型や未然防止型などを含む QC ストーリー）を活用できることが大切である． ・TQM の役割・全体像についても理解しておく必要がある．
組織の運営のための方法の理解と適用力	・主な組織の運営のための方法としては，方針管理，日常管理，小集団改善活動などがある．
品質保証のための方法の理解と適用力	・主な方法としては，潜在ニーズ把握，ボトルネック技術の特定と解決，トラブル予測と未然防止，工程能力の調査と改善，検査と保証度，市場品質情報の活用・解析，品質保証体系などがある．
手法・数理に関する理解と適用力	・主な手法としては，QC 七つ道具，新 QC 七つ道具，管理図，抜取検査・サンプリング，検定・推定，実験計画法，品質工学（タグチメソッド），多変量解析法，信頼性手法などがある．

表 1.3 組織における立場・役割と，求められる TQM に関する能力と水準

TQM に関する能力		経営者	管理者	監督者	一般従業員	設計者・生産技術者	品質管理専門技術者	TQM推進者
基本	用語と概念	○	○	○	○	○	◎	◎
	行動原則	◎	◎	◎	◎	◎	◎	◎
	問題解決の手順（QC ストーリー）	◎	◎	◎	◎	◎	◎	◎
	総合的品質経営（TQM）	◎	◎	○	○	○	◎	◎
組織運営	方針管理	◎	◎	○	○	○	◎	◎
	標準化・日常管理	○	◎	◎	○	◎	◎	◎
	小集団改善活動	○	◎	◎	◎	○	◎	◎
	品質管理教育	○	◎	○	○	○	◎	◎
顧客価値創造とプロセス保証	潜在ニーズ把握					◎	◎	◎
	ボトルネック技術の特定と解決					◎	◎	◎
	トラブル予測と未然防止			○		◎	◎	◎
	工程能力の調査と改善				○	◎	◎	◎
	検査と保証度				○	◎	◎	◎
	市場品質情報の活用・解析		○			◎	◎	◎
	品質保証体系	○	◎	○		◎	◎	◎
	環境・安全等を含めた総合マネジメント	○	◎			○	◎	◎
手法・数理	QC 七つ道具	○	○	○	○	○	◎	◎
	新 QC 七つ道具	○	○			○	◎	◎
	管理図		○	○		○	◎	◎
	抜取検査・サンプリング				○	○	◎	◎
	検定・推定				○	◎	◎	◎
	実験計画法				○	◎	◎	◎
	品質工学（タグチメソッド）					◎	◎	◎
	多変量解析法					◎	◎	◎
	品質機能展開					◎	◎	◎
	信頼性手法					◎	◎	◎
	OR 手法					○	○	○
	IE 手法，VE 手法					○	○	○

注 1) 表中の記号は求められる能力の水準を示す．
　　◎：利活用できる必要がある（指導を含む）．
　　○：知識としてもっておく必要がある．
　　空欄：あるほうが望ましいが必須ではない．
注 2) 求められる能力の水準は，多くの専門家の意見を集約したものであり，幅をもっているものとして捉えるのがよい．
[出典　JSQC-Std 41-001:2017, p.8, 表 1 より転載]

1.2 TQM（総合的品質管理）と人材育成

されている，組織における立場・役割に応じて求められる TQM に関する能力と水準を例示するので，参考にしてほしい．

求められる能力を確実に育成するには，そのための研修プログラムを用意する必要がある．求められる能力を確実に育成するには，そのための研修プログラムを用意する必要がある．図 1.8 は，階層ごとに期待される能力と育成のねらいを明確にしたうえで，これを実現するために必要となる分野別の研修プログラム（破線枠部分）を適宜整備していくことの概念を示したものである．

階層別分野別教育体系によって，企業における教育・訓練の全体像や力を入れているところを俯瞰でき，研修プログラムの抜け，重複，改善点などを明らかにできる．

		期待される能力と育成のねらい		分野別の研修プログラム			
				職場外教育		品質管理教育	職場内教育
		期待される能力	育成のねらい	職位別	職能別	社内 / 社外	
階層	経営層	経営レベルの意思決定に参画できる能力	コンセプチュアルスキルの獲得（構想力，構成力，企画力の育成など）	研修プログラム A		研修プログラム E	実践教育 / 自己啓発
	管理者	業務完遂能力，相当高度の調査・研究・企画立案・渉外ができる能力					
		高度熟練業務，管理者として業務に精通し，遂行に当たり部下を指導・監督できる能力	ヒューマンスキルの獲得（管理能力，対人的問題処理能力などの育成）	研修プログラム B	専門技術研修プログラム H	研修プログラム F	研修プログラム I
	一般従業員	高度熟練業務に精通し，独立して担当できる能力，具体的計画を立て，部下に処理させる能力	テクニカルスキルの獲得（適応・専門能力，知識・技術などの育成）				
		決められた標準により段取りを立て適度の創意と判断に基づき日常一般業務を処理する能力		研修プログラム C		研修プログラム G	
		ある程度の半熟練業務遂行能力 普通程度の経験，知識・技術をもって定期的業務を処理する能力	能力・個性の発展（個人の能力，特技，特性などの把握）				
		直接的指導・監督のもと初歩的技術・知識で定期業務を行う能力	生活指導を含めた個人指導	研修プログラム D			研修プログラム J
		初歩的技術・知識で単純かつ定型的な業務の補助作業を行う能力				研修プログラム K	
	協力会社	自主管理能力	良好なパートナーシップ，コミュニケーション	研修プログラム L			

図 1.8 階層別に期待される能力と育成のねらいに基づいて分野別の研修プログラムを整備していく概念

1.3 デミング賞受賞企業における人材育成の考え方

(1) デミング賞・デミング賞大賞受賞企業とは

顧客指向で社会的責任を果たすための経営目標・戦略を策定し，その実現に TQM を活用して効果を上げている企業の代表例が，デミング賞・デミング賞大賞を受賞した企業である．デミング賞・デミング賞大賞を受賞するには，次の ABC の三つの要件が必須なことが"デミング賞・デミング賞大賞応募の手引き"に謳われている．

A) 経営理念，業種，業態，規模及び経営環境に応じて，明確な経営の意思のもとに積極的な顧客指向の，さらには組織の社会責任を踏まえた経営目標・戦略が策定されていること．また，その策定において，首脳部がリーダーシップを発揮していること．

B) A)の経営目標・戦略の実現に向けて，TQM が適切に活用され，実施されていること．

C) B)の結果として，A)の経営目標・戦略について効果を上げるとともに，将来の発展に必要な組織能力が獲得できていること．

(2) 理念などに見る人材育成に対する基本的な考え方

デミング賞・デミング賞大賞を受賞した企業は，人材育成をどのように考えているのだろうか．表 1.4 は，"デミング賞受賞報告講演要旨"から人材育成に対する基本的な考え方を直接的に表示していると思われる箇所を抜き出したものである（2013 年から 2018

1.3 デミング賞受賞企業における人材育成の考え方

表 1.4 デミング賞受賞企業における人材育成に対する考え方

企　業	人材育成に対する基本的な考え方
(株)アドヴィックス	・変化を先取りし，素早く，着実に実行する ・常に高い目標を掲げ，チームワークで夢を実現する ・自己を磨き，世界に通用するプロを目指す (社員の行動指針より)
サンデン(株) 店舗システム事業	自己啓発につとめ誇り高き会社の建設に努力します (社是より)
名北工業(株)	ここで働く人は，会社とその仲間の自慢話がしたくてしょうがなくなる (経営ビジョンより)
(株)セキソー	まずは人づくりから (理念より)
(株)キャタラー	労使相互信頼を基盤とし，社員がその能力を最大限に発揮できる企業風土を醸成し，日々新たな可能性に挑戦する (経営理念より)
(株)GSユアサ 産業電池電源事業部 産業電池生産本部	GSユアサは，社員と企業の「革新と成長」を通じ，人と社会と地球環境に貢献します． (企業理念より)
トヨタ自動車九州(株)	労使相互信頼・責任を基本に，ものづくりに熱意を燃やし，やりがいと成長を実感できる「人が主役の，人を大切にした企業風土」を築きます．(基本理念より)
丸和電子化学(株)	人をつくり，人を守る (経営の基本的考え方の長期テーマより)
アイホン(株)	自分の仕事に責任を持つ　他人に迷惑をかけるな (経営理念　われわれの合言葉より)
(株)オティックス	「和と努力」を基とし，常に創意工夫をもって，品質の向上，コストの低減に努め，会社の繁栄と社員の幸福を図り，社会に貢献する．(経営理念より)

年までの6年間にデミング賞を受賞した日本企業).これらを見ると,デミング賞・デミング賞大賞の三つの要件を実現した優良企業における理念には,必ず人づくりが重要な柱として位置付けられていることが見て取れる.

(3) 経営目標・戦略における人材育成の位置付け

図1.9は,現在も健全経営を営んでいる,1990年代半ばに日本品質管理賞(現デミング賞大賞)を受賞したある企業のビジョンを示したものである.この図を見ると,"最高の品質と技術で活力ナンバーワン企業を目指す"ことをビジョンの最上位に掲げ,これを実現するための視点として"健全財務体質会社","社員いきいき会社","品質・技術で社会貢献会社"を三本柱に置いている.そのうえで,ビジョンの基盤となる思想として"人間性尊重"を位置付けている.また,1.1で述べた老舗企業が重要視していた"信"は,

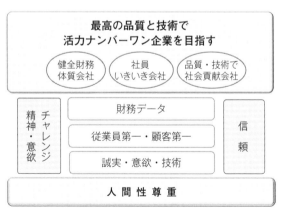

図1.9 企業ビジョンにおける人材重視の基本的な考え方の例

1.3 デミング賞受賞企業における人材育成の考え方   33

この会社でも"信頼"として挙げられている．

このビジョンに対する具体的な"中期経営目標・戦略"を図 1.10 に示す．中期経営目標・戦略の三つの個別ビジョンの一つに"チャ

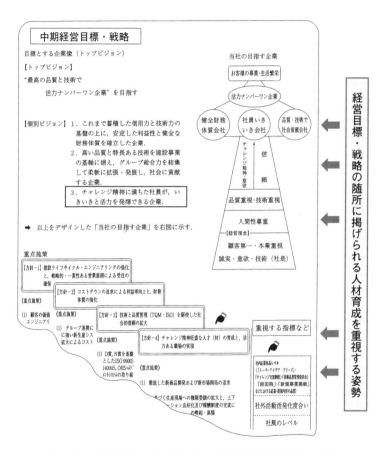

図 1.10　経営目標・戦略における人材育成の位置付けの例
［出典　引用参考文献 10)，p.168，図 3.4.1 をもとに作成］

レンジ精神に満ちた社員が，いきいきと活力を発揮できる企業"を掲げるとともに，重点施策の方針4で"チャレンジ精神旺盛な人才（材）の育成と，活力ある職場の実現"を明示し，評価項目として，挑戦的で創造的な提案の数とレベル，社外活動活発化度，社風レベルなどを設定している．

　(2)や(3)で紹介した事例では，人材を大切にしている企業の思想が事業遂行に色濃く反映されており，成功を収めている健全経営に共通する姿勢として人材重視を挙げることができる．

1.4　人材育成における経営層の役割

　企業理念，社是，社訓，行動指針などで人材育成の重要性を掲げている企業は数多くある．この思想を企業文化として継承して具体的に実行するための権限は，経営資源を采配する経営層に委ねられており，人材育成への経営層の責務は大きい．

　人材育成に努めている経営層は，事業にかかわるすべての人々に対して，その姿勢を次のような象徴的な行動によって示すことが望まれる．

①　いかなる厳しい経営環境下においても人材育成を重視し，たゆまず人材育成を行うという意思表明

②　企業の経営目標・戦略において人材育成に対する方針の明示，その実現のための中長期人材育成計画の策定に対する主導

③　第一線職場において，顧客価値のある製品・サービスを実

1.4 人材育成における経営層の役割

現する能力を人々が備えて実務に活かしているか，充実すべき能力は何かなどの実情把握と指導

④ 人材育成による諸活動の成果を評価し奨励するための仕組みの確立と，積極的な関与

⑤ 人材育成を組織的かつ計画的に行うための体制の確立

⑥ 人材育成のための教育・訓練に必要な投資などの経営資源の計画的な用意

例えば，①の例には，創造性豊かな人材を育成するために会長直属の私塾を開講し，私塾年報で社長が人材重視の姿勢表明を象徴的な形で公開することなどが相当する（図 1.11）．

図 1.11 私塾年報で人才(材)を重視するトップ

また，②の例には，先に述べた図 1.9（ビジョン）と図 1.10（経営目標・戦略）が相当する．当該の企業では，これに基づいた中長期人材育成計画を策定している．

さらに，③の例には，経営層自らの現場訪問や第一線職場に近いところでの診断などの場作りを行い，製品・サービスを設計・開発し実現しているかどうかの実情を把握し，指導することなどが相当する．

④の例には，チーム改善活動や協力会社を含む QC サークル活動などの小集団改善活動の成果発表や，挑戦的な創意あふれる提案成果発表の機会作りなどを行い，積極的に臨席し奨励することなどが相当する．

また，⑤の例には，企業全体の人材育成の計画を立案し，実施するための教育体系などの仕組みを確立して実施結果の評価・改善を行うための組織作りが相当する．上級経営層が統括し，関係部門長で構成する人材育成委員会を設置することなどである．図 1.12 は，このような人材育成委員会の特徴的な役割を示したものである．

最後の⑥の例には，受講者，教育・訓練の指導者，教育・訓練の主管部門・支援部門，教材・教育施設・教育用資機材などの教育環境，教育・訓練費用，教育時間などの経営資源を計画的に充当することが相当する．経営層が重視している方針は，経営資源を何に投下しているかによって見て取れるものである．

> ○ 人材育成にかかわる全社の方針・推進計画の策定
> ○ 推進組織・推進の仕組みと標準作り
> ○ 人材育成状況（進捗とその成果）の把握
> ○ 人材育成の評価と改善事項の特定
> ○ 人材育成に関する情報の収集と分析
> ○ 人材育成にかかわる重要事項に関する経営層への報告
> ○ その他特命事項

注）委員長は副社長などの上級経営層，メンバーは関係部門長で構成する．
　事務局は，人事部門，経営企画部門，TQM推進部門などに置くことが多い．

図1.12　人材育成委員会の特徴的な役割

1.5　人材育成の実効を高めるための実施事項

変革著しい現代の企業経営環境において，第一線職場で働く人々から管理者，経営層に至る人材を体系的に育成していくためには，次の取組みが重要になる（図1.13）．

・第一線職場の人々から管理者，経営層に至る各階層と，企業内の各部門という両面から，経営目標・戦略の実現に向けてTQMを実施するのに必要な能力を明確にし，現有の能力とのギャップを把握し，充足すべき事項を特定する．

・このギャップを解消するための人材育成計画を，中長期的な視点から策定する．

・人材を育成するための仕組みとして階層別分野別教育体系を確立する．

・教育体系を構成する個別の研修プログラムを整備し，最適化

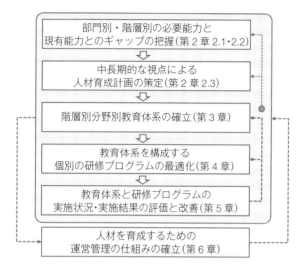

図 1.13 人材育成の実効を高めるための実施事項

する．

・教育体系と研修プログラムの実施状況・実施結果を評価し，改善する．

・人材を育成するための運営管理の仕組みを確立する．

次章以降では，人材育成の実効を高めるためのこれらの実施事項について順次詳しく解説する．

第2章 部門・個人の充足能力の明確化と人材育成計画

本章では,企業の持続的発展を実現するためのTQM実施を担える人材を,品質管理教育を中核に置いて育成する基本となる計画の立案について詳述する.人材育成におけるPDCAのサイクルで捉えるとPlanの段階に相当する.

> 部門別・階層別の
> 必要能力の明確化(2.1)
> ⇩
> 必要能力と実現能力との
> ギャップの把握(2.2)
> ⇩
> 中長期的な視点からの
> 人材育成計画の策定(2.3)

人材育成のための計画の立案の大筋の進め方は,部門別と階層別に求められる人材の能力を明確にする.その能力と,一人ひとりが保有し実務で活かしている能力とを比較して,伸ばさなければならない個人ごとの能力を特定する.これらをもとに,高い顧客価値のある競争優位な製品・サービスの提供に向けて,経営目標・戦略の実現を可能にするための部門ごとの人材育成計画と個人ごとの人材育成計画を中長期的な視点を加味して確定する.これらについて,ある企業の事例を織り交ぜながらひも解いていく.

2.1 部門別・階層別の必要能力の明確化

企業が策定した中長期の経営目標・戦略を実現するためには,品質管理,原価管理,納期管理,安全管理,教育普及,環境管理など

企業経営を行ううえでの主要機能について，中長期の計画を策定して実施することが必要になる．これら各々の機能の計画を実務で実行して所期の目的を達成できるかどうかは，業務遂行を担う人材に大きく依存する．そのため，現有の人材を企業の事業遂行が最もかなうように各部門へ配属するとともに，より効率的に経営目標・戦略を実現するために充足しなければならない能力を部門ごとあるいは個人ごとに明確にして計画的に能力開発をしていかなければならない．

ある個人が長期間にわたって同一業務に従事することは業務遂行面では効率化が進むかもしれないが，業務が属人化して不透明化する懸念や，個人ごとのキャリアプランの達成面では好ましいとはいえない．そのため，能力に応じた透明な人事考課のもとでの昇進や昇格，他職場で経験を積むためのローテーションなどの人事異動が必然的に発生する．したがって，各部門は，企業の中長期経営計画や部門の中期計画の実行に必要な，職能として備えなければならない能力，あるいは職位として備えなければならない能力を明確にすることが必須となる．

(1) 各部門の職務遂行に必要な能力の明確化

各部門の職務遂行に必要な能力は，部門として遂行しなければならない重要な使命・役割を定めた分掌業務を業務機能展開することによって，固有技術に関する不可欠な能力を確定できる．また，その固有技術を効率的に活かすために部門として備えなければならない管理技術も浮かび上がらせることができる．

2.1 部門別・階層別の必要能力の明確化

ここでいう"固有技術"とは，企業が製品・サービスにかかわる品質保証をするための調査，研究，企画，開発，設計，生産準備，購買，製造・施工，検査，受注・販売・営業，アフターサービス，回収・再利用・廃棄などの諸活動を進めていくうえで必要となる製品・サービスに固有な技術を指す．他方，"管理技術"とは，固有技術を支援し，諸活動を効果的かつ効率的に実施できるようにし，様々な運営上の問題を解決していくために有効な技術を指す．QC（Quality Control），IE（Industrial Engineering），OR（Operations Research, Operational Research），QCストーリーなども管理技術に位置付けられる．

業務機能展開の例を，図 2.1 に示す．図 2.1(a) は経営企画部門の，図 2.1(b) は生産技術部門の業務機能展開の例である．これらの例では，基本機能に部門の使命・役割を置き，目的と手段の関係

基本機能	1次機能	2次機能	3次機能	4次機能	管理項目	帳票類
総合的な品質管理の推進により、管理能力と業務効率の向上を図り、強い企業基盤を構築する	1 総合的品質管理の推進の方向づけをする	1.1 品質方針の展開と方針管理の課題の明確化・整理を行い、企業活動の方向性を明確にする	1.1.1 部門の状況を把握する	1001 経営計画策定のための情報を分析する	各種経営評価指標	方針書（方針管理規程）
				1111 経営指標の調査・分析により課題を整理する		経営評価指標一覧表
				1112 各部門からの問題点を集約して整理する		重要課題絞込み表（方針管理規程）
			1.1.2 会社の方針を受けた課題の展開を行う	1121 会社方針の伝達を行う		社長方針書
				1122 部門方針の立案を補助する		期末反省書（方針管理規程）重要課題絞込み表（方針管理規程）方針管理書（方針管理規程）
				1123 部門方針の伝達を行う		実施計画書（方針管理規程）
		1.2 総合的品質管理の推進、運営の仕組み作り、運営、評価、処置を行う	1.2.1 方針管理の実施状況把握、診断、評価、改善・維持を行う	1211 経営会議を企画・運営する	方針達成率	議事録
				1212 診断を企画・運営する	トップ診断評価点	議事録指摘事項に対する改善計画書
				1213 品質監査を計画・実施する		年度計画書、チェックリスト、結果報告書、改善計画・実施報告書、トップ報告書（品質監査実施要領）
				1214 運用状況を社長へ報告する		
			1.2.2 機能別管理/日常管理の評価支援	1221 管理項目の月次管理の把握を行う	管理項目達成率	管理項目月次フォロー表
				1222 各種機能別管理委員会の		機能別委員会資料・議事録
		2 総合的な品質管理の教育を行う	2.1 階層別に教育を行う	2.1.1 計画的な受講者選定を行う	2111 品質管理導入教育を立案・実施する	受講者数理解度テスト得点	教育計画立案校込み表教育計画運用要領
				2112 TQM研修会に参加させる	受講者計画達成率	研修会アンケート出席者名簿
				2113 社外QCサークル大会・研修会に出席させる	受講者計画達成率	研修会アンケート出席者名簿

図 2.1(a) 経営企画部門の業務機能展開の例

第2章 部門・個人の充足能力の明確化と人材育成計画

基本機能	1次機能	2次機能	3次機能	4次機能	管理項目	帳票類
品質保証及び利益を確保するための業務を推進する	1. 品質の向上を図る	11 品質保証活動の目標を明確にし、計画を立案する			顧客満足度評価点 手戻り・手直し分析評価点	顧客満足度管理表(B) 手戻り・手直し分析票
					要求品質充足率	営業からの引継書 上位方針指示書
			111 要求品質を把握する		要求品質把握件数	
				1111 営業・設計から引継ぎを受ける		営業からの引継書 設計説明書(QA表)
				1112 顧客要求事項を確認する		
				1113 設計図をレビューする		図面検討要綱指示書 図面検討結果表
			112 生産条件を把握する			生産条件報告書
				1121 生産条件を現地現物で確認する	現地現物調査実施率	現地現物調査票
			113 生産方針を確定する			
				1131 生産方針を検討する		上位方針指示書
				1132 新生産技術を検討する	新技術・新生産方式取込率	新技術・新生産方式DB
				1133 生産方針を関連部門と調整する		打合せ検討記録（議事録）
			114 生産方針を○○部門に引き継ぐ			

図 2.1(b) 生産技術部門の業務機能展開の例

により4次機能まで業務を展開している。4次機能の具体的な業務を実施できる能力をもった主担当者を指名し、業務を遂行することになる。また、業務の実施状況あるいは実施結果を評価するための管理項目と帳票類が追記されている。

部門の使命・役割のもとに業務機能展開をすることによって業務遂行に必要な固有技術にかかわる能力を確定できたら、その固有技術を効率的に活用するためにはどのような管理技術が必要かを明確にする。図 2.1(a)(b)で例示した部門の業務遂行に共通する不可欠な管理技術には、TQMと品質に関する重要概念、日常管理や標準化の進め方、方針管理の仕組み、問題解決の手順、QC七つ道具や新QC七つ道具など基礎的なQC手法、小集団改善活動、品質保証体系などがある。

(2) 階層別に必要な能力の明確化

階層別には,一人ひとりが経験年数に応じて身につけるべき能力を明確にしたキャリアプラン(後述する図 4.16 参照)に留意しつつ,一般従業員から管理者の各階層に対して育成すべき能力を決める必要がある.

図 2.2 に例を示す.この例では,一般従業員に対しては,個人能力・持ち味・特性の発揮,生活面の指導などに配慮し,業務遂行に不可欠な基礎技術の獲得と,各人の能力や個性の発掘に重きが置かれている.このため,職場内教育の一環として OJT(On the Job Training)が重要な役割を担っている.また,初級レベルの管理者に対しては,専門知識・技術を実務で確実に適用できる能力,より高度な知識・技術の育成などによって,担当業務を一人で確実にこなせるテクニカルスキルの獲得をねらいにしている.さらに,中級レベルの管理者に対しては,管理能力,対人的問題処理能力など

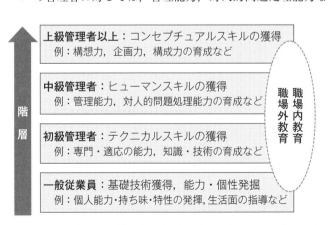

図 2.2 一般従業員から管理者の各層に対して育成すべき能力の例

の育成を行うことによって，他部門との連携が上手にできるコミュニケーション力や部下育成のコーチング力などのヒューマンスキルの獲得を重視している．また，上級レベルの管理者以上に対しては，構想力，企画力，構成力を育成することによって，顧客価値を高められる発想ができるコンセプチュアルスキルの獲得をねらいにしている．

以上のようにして明らかにした部門別・階層別に育成すべき能力については，職場内と職場外の研修プログラムによって育成していくことになる．図2.2に示したような能力については，育成すべき内容をすべての部門に共通に定めることができるが，部門ごとに異なる固有技術や管理技術については，育成すべき内容を個別に設定しなければならない．

2.2 必要能力と実現能力とのギャップの把握

(1) 部門におけるギャップの把握

経営目標・戦略を実現するために解決すべき課題の難しさ，キャリアプランに沿ったローテーション，昇進や昇格での人事異動などによって，部門の業務遂行に必要な能力の確保が難しい場合が往々にしてある．部門の使命・役割を果たすにはどのような能力を充足しなければならないかを明らかにしたうえで，部門あるいは個人ごとに現在備えている能力と比較してギャップ（差分）を把握し，強化すべき能力の内容を特定する必要がある．

各部門は，自部門が将来的に備えなければならない"必要能力"

と，現時点で備えておりかつ実務で活かしている"実現能力"とのギャップを自己評価する．図2.3は，個人ごとの必要能力と実現能力とのギャップを捉えたうえで，部門の必要能力と実現能力とのギャップを明らかにす

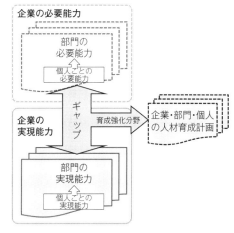

る概念を示したものである．図2.3(a)は，個人ごとの必要能力をもとに，企業として将来的に実現すべき能力から想定される部門の必要能力を仮定したものである．また，図2.3(b)は，個人ごとの

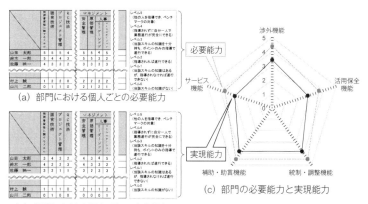

図 2.3 部門の必要能力と実現能力とのギャップの把握（概念）

実現能力を集約して見定めた部門の実現能力を特定したものである．さらに，部門の必要能力と実現能力とのギャップ（差分）は，図 2.3(c) のような形で整理することにより視覚化し，把握することができる．図 2.3(c) はレーダーチャートであるが，棒グラフなど多様なグラフが利用できる．

生産技術部門に在籍する技術者個人が備えなければならない能力の例としては，表 2.1 に示すような能力が挙げられる．部門に所属する一人ひとりが備えなければならない固有技術と管理技術を整理して明確にするうえの観点として参考にしてほしい．なお，表 2.1 の能力は，一般従業員と管理職に共通するものであっても，獲得すべき能力のねらいは図 2.2 に例示したように階層によって異なる場合がある点に留意してほしい．

表 2.1 生産技術部門の技術者が備えなければならない能力の例

- 自産業の現状，使命・役割，長期的課題などの知識と理解力
- 品質保証の知識，実践能力
- 品質管理の知識・手法，問題解決・課題達成の実践能力
- 原価管理の知識，実践能力
- 製品・サービスの原価企画・積算・契約などの知識と実践能力
- 生産計画・予算の作成力（固定費，流動費，経費など）
- 工程管理の知識と実践能力（QC 工程表，アローダイヤグラムによるネットワークの作成などを含む）
- プロジェクトの知識と運営能力（プロジェクトマネジメント，リスク評価などを含む）
- 安全管理の知識，実践能力（安全管理態勢，安全施工サイクル，労働安全衛生法規，5S，KYK などを含む）
- 日常管理・方針管理の知識，実践能力

(2) 企業全体におけるギャップの把握

企業全体の品質管理教育などの人材育成を統括する組織（例えば，人材育成委員会，人事部門，TQM推進部門，経営企画部門など）は，各部門の必要能力と実現能力を実態調査して比較し，企業全体として必要能力を実現能力がどのくらい充足しているかを把握する．グローバル化が進む経営環境において，環境保全，化学物質管理，生物多様性などの法規制や社会的責任の動向，また世界的規模で拡大するサプライチェーンなどに対する顧客・社会の要求事項の変化を見越した必要能力などと，実現能力とのギャップを把握することが，人材育成計画の良否を大きく左右する．

これらをもとに，経営目標・戦略の実現に最も大きな課題を有する人材育成の仕組みと部門を特定し，課題解決のための中長期的な視点で人材育成を進めることになる．

2.3 中長期的な視点からの人材育成計画の策定

(1) 企業全体の中長期人材育成計画の策定

企業全体の人材育成の統括者は，企業の中長期の経営目標・戦略の実現を目指してTQMを実施するうえで，充足しなければならない能力を向上するための複数のシナリオを立案する．これを関係部門とすり合わせて3年から5年の人材育成計画の構想を練る．

品質管理教育に関する中長期的な人材育成計画の例を表2.2に示す．この例では，縦軸に品質管理教育の要素として，品質管理の考え方の体得，教育の仕組み作り，年度ごとの目標・ねらいの設定，

表 2.2 品質管理教育に関する中長期(5か年)人材育成計画の例

		N年度	N+1年度	N+2年度	N+3年度	N+4年度
品質管理の考え方の体得 — 品質管理に対する基本的な考え方から会社経営における品質管理の位置付け・意義について、階層別・職能別に獲得すべきことを明確にし、教育実施	経営層	経営目標・戦略と品質管理との関係の再構築	経営目標・戦略の背景と条件の確立	新技術開発・情報技術など社会変化への対応	重要品質問題への対応 未然防止の対応	競争優位な魅力的品質・顧客価値創造への対応
	一般従業員	方針に対応した組織運営の在り方の理解	方針に対応した改善活動の在り方の課題の特定と達成	課題達成活動の推進	課題達成活動の継続	課題達成活動の定着
	協力会社	当社の品質管理の考え方の理解	当社による問題解決力のためのOJT教育	問題解決力の継続的向上	問題解決の自立的な実践	問題解決の自立的な実践の定着
仕組み作りのための教育実施と効果向上のための組みの整備		教育体系に基づく個人ごとの能力評価の実態調査と品質管理の研修プログラムの見直し	個人能力カルテによる評価に基づく能力育成と必要な研修プログラムの準備	中長期的な教育効果の測定の仕組みと能力評価の仕組みにもとづいた処遇の基準作り	個人と組織の要求事項を整合させるための仕組み作り	品質管理教育の成果を社内外へ水平展開・応用する仕組み作り
目標のねらい設定 · 年度ごとのねらいの設定 · 年度目標の設定		改善活動のレベル向上のために必要な品質管理教育履修者の実態評価と活用	改善活動の成果を次に活かすために既存のノウハウの棚卸と統計的手法による底上げ	重要品質問題の解決に必要な知識・技術の習得と実務への展開	魅力的品質へのアプローチのために必要な知識・技術の習得	社会のニーズの変化を予測し、先手を打てる能力を持つ職員の育成
統計的手法の習得 — 新入社員から経営層までの個々の階層において、習得すべき手法の選定から、実施、効果把握、教育スタッフの育成まで一貫した手法習得の仕組み作り		改善活動の個々のテーマ解決に必要な統計的な手法の講習実施	言語データ・各種データを経て、言語データに基づく各種指標化に必要な手法の講習習得	重要品質問題解決に有効なデータ手法の検討と習得	重要品質問題解決に有効なデータ手法の検討と習得	新製品開発に関連した マーケティング、信頼性、企画などの関わる講習実施

· 基本的な手法→QC七つ道具、統計的な手法→検定・推定、分散分析、回帰分析、相関分析、重回帰分析、多変量解析法
→品質機能展開、実験計画法、品質工学、信頼性手法、官能検査、市場調査法など
応用的な手法など

統計的手法の習得を，横軸に年度を取り，各セルには5か年にわたり各要素について各年に実行すべきことを記述している．中長期を想定しているため不確実性が高くなりがちな計画は，経営環境の変化を踏まえて毎年見直しを行い，ローリングしながら計画の形骸化を避ける必要がある．中長期的な人材育成計画を実行するには投資などの経営資源を要するため，計画変更の都度に経営層の承認が不可欠である．

(2) 部門の中期人材育成計画と個人ごとの人材育成計画の立案

中期にわたり計画的な人材育成が必要な部門（例えば，新製品・新サービス・新技術の開発部門，販売戦略部門，IT戦略部門，海外戦略部門など）は，企業全体の中長期人材育成計画や個人ごとのキャリアプランを勘案し，部門の分掌業務の遂行や挑戦的課題の解決を行うために必要な能力をもった人材を確保するための中期人材育成計画を立案する．

各部門の長は部門の中期人材育成計画を考慮し，一人ひとりのキャリアプランに対する実態や希望を聞きながら，当該部門に在籍が想定される期間におけるキャリアプランを確定する．また，個人ごとの必要能力を特定し，実現能力とのギャップをもとに充足すべき能力を明確にする．

これらをもとに，各個人は，年間で自分が獲得する能力や取得する社内外の資格を上位職に申告し，上位職との面談を通して当該年度の個人ごとの人材育成計画を確定する．図 2.4(a) に個人ごとの人材育成計画を立案するプロセスの流れを示す．個人ごとに想定さ

50　第 2 章　部門・個人の充足能力の明確化と人材育成計画

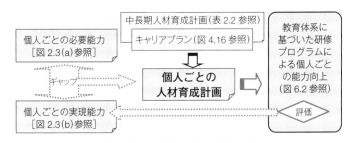

図 2.4(a)　個人ごとの人材育成

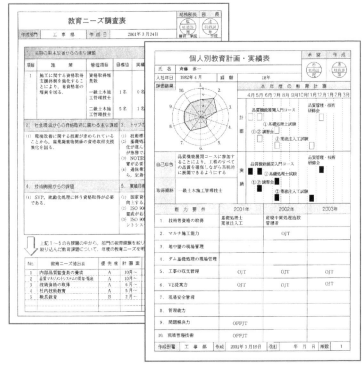

図 2.4(b)　個人ごとの教育計画の例
［出典　引用・参考文献 11), p.376, 図 12.3-1, p.378, 図 12.3-2 より転載］

れた必要能力［図 2.3(a) 参照］と，個人ごとに明確にした実現能力［図 2.3(b) 参照］とのギャップ解消に向けて，企業全体の中長期人材育成計画（表 2.2 参照）と一人ひとりのキャリアプランを考慮し，個人ごとの年度の人材育成計画を立案する．この計画に準拠して教育体系内の研修プログラムを利用して人材の能力開発を進め，その成果の評価結果をもとに個人ごとの実現能力を見直したうえで必要能力と対比し，人材育成の管理のサイクルを継続的に回すことになる（個人ごとに能力を高めていく仕組みは第 6 章の図 6.2 参照）．個人ごとの教育ニーズを把握する帳票，これを用いて中期的な視点を考慮した個人ごとの年度教育計画を立案するための帳票の例を図 2.4(b) に示す．

第3章 人材を育成する仕組み

本章は，前章で述べた中長期的な視点による企業全体，部門ごと，個人ごとの人材育成計画に基づいて，体系的に必要な能力の獲得を図っていくための仕組みの大本になる教育体系について，ある企業の事例を織り交ぜて詳述する．さらに，教育体系の実効を支える

要素として，教育体系を構成する各種の研修プログラムの有効活用，人材育成における小集団改善活動の役割，品質保証活動と人材育成，経営層が関与する人材育成の仕組みについても解説する．

3.1 人材育成の全体構造を表す教育体系

(1) 階層別分野別教育体系の構成

企業のすべての研修プログラムを階層別と分野別に一覧化したものが"階層別分野別教育体系"である．ここでいう"研修プログラム"とは，特定の条件を満たす人を対象に，特定の知識・技能の習得やそれを実務に適用する能力の向上を目的に，特定のカリキュラムに沿って行う教育である．階層は，経営層，部課長・監督者などの管理者，管理者以外の新入社員までの一般従業員などを指す．ま

た，分野は，能力の分野を意味し，製品・サービスの実現にかかわる固有技術・技能の能力，品質管理に関する問題解決やデータ分析など管理技術にかかわる能力，リーダーシップやコミュニケーションなどのような組織人としての基礎的な能力を指す．

階層別分野別教育体系は，階層を縦軸に，分野を横軸に配したマトリックスを作り，階層と分野との組合せで形成されるセル内に対応する研修プログラムを布置して一覧化することによって体系として表すことができる．

ある企業の階層別分野別教育体系を図 3.1 に示す．この図の縦軸の階層は，経営層，管理者，新入社員から中堅社員を含む管理者以外の一般従業員，そして協力会社（品質保証にかかわりの深い供給者，労務提供者などのパートナー企業）で構成されている．また，横軸の分野は，職場外の職位別・職能別教育，職場外の社内・社外

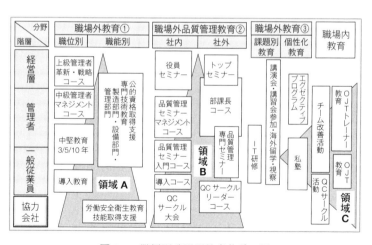

図 3.1　階層別分野別教育体系の例

の品質管理教育，課題別や個性化のための職場外教育，そして，OJT，小集団改善活動などの職場内教育で構成されている．

図 3.1 の"職場外教育①"は，職位別教育としてマネジメント力，リーダーシップなどを養う管理技術に関する研修プログラム，職能別教育として固有技術の知識・技術・技能の習得に関する研修プログラムなどがある．

また，"職場外品質管理教育②"は，品質管理の実践に不可欠な主要な管理技術を特定して極力社内講師による研修プログラムを編成し，その領域を超える分野または高度な専門知識を要する分野は，社外の研修機関による研修プログラムを選んで受講者を派遣している．

さらに，"職場外教育③"は，課題別教育として特殊技術，先端技術，情報技術などの学習，産学共同研究などへ社内専門家の派遣などである．また，個性化教育として一人ひとりの個性を伸ばし発揮できる能力を高めるために私塾などの教育の場がある．

上記の三つに加えて，OJT のほか，実践教育として改善活動による問題解決能力・課題達成能力の育成などの"職場内教育"が教育体系の中に正式に組み込まれている．また，製品・サービスの提供に強くかかわる協力会社に対して行う，労働安全衛生，技能取得，QC サークル活動などの教育・訓練が，階層別分野別教育体系の一環に位置付けられている．

図 3.1 の階層別分野別教育体系を全体として見ると，新入社員から経営層へと中長期的な視点で人材を育成することを基本思想に置き，一人ひとりのキャリアプランの達成に合わせて自己実現が図ら

(2) 階層別分野別教育体系の構築

企業において階層別分野別教育体系は，一朝一夕で構築されるわけではない．次に示すことなどに順次取り組んでいくことによって仕組みの成熟度を次第に上げながら，実務と一体化した自然体で構築していくことが必要となる．

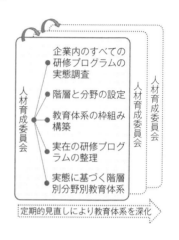

(1)で例に取り上げた企業では，人事部門に事務局を置く"人材育成委員会"（委員長：人材育成を統括する副社長，メンバー：関係部門長）を設置した．また，この委員会が中心になって全社を牽引し，社内の各部門が独自に行っていたすべての研修プログラムの実態調査を行って分類整理し，これをもとに教育体系の横軸を構成する分野を決めた．さらに，教育体系の縦軸を構成する階層は，各々の階層における教育・訓練のねらいを確定し，これに基づいて区切った．表3.1に，階層別に期待される能力と育成のねらいを示す．

そのうえで，縦軸に階層，横軸に分野を配置したマトリックスにより"階層別分野別教育体系"の枠組みを作り，実在するすべての"研修プログラム"を該当領域に布置して，"実態に基づく"階層別

3.1 人材育成の全体構造を表す教育体系

表 3.1 階層別に期待される能力と育成のねらい

階層	期待される能力	育成のねらい
経営層	経営レベルの意思決定に参画し得る能力	コンセプチュアルスキルの育成 (構想力,構成力,企画力など)
管理者	上級管理者として業務を完遂する能力 業務に関する相当高度の調査・研究・企画立案・渉外ができる能力	
	高度熟練業務,管理者としての業務に精通し,遂行に当たり先任者として部下を指導・監督できる能力	ヒューマンスキルの育成 (管理能力,対人的問題処理能力など)
一般従業員	高度熟練業務に精通し,独立して担当できる能力 具体的計画を立て,部下に処理させる能力	テクニカルスキルの育成 (適応・専門能力,知識・技術など)
	決められた標準により段取りを立て普通程度の創意と判断に基づき,日常一般業務を処理する能力	能力・個性の発掘 (個人の能力,特技,特性などの把握) 生活指導を含めた個人指導
	ある程度の半熟練業務の遂行能力,普通程度の経験,知識・技術をもって定期的業務を処理する能力	
	直接的指導・監督のもと初歩的技術・知識で定期業務を行う能力	
	初歩的技術・知識で単純かつ定型的な業務の補助作業を行う能力	
協力会社	自主管理能力	良好なパートナーシップ,コミュニケーションなど

分野別教育体系として明確にした.

階層別分野別教育体系を議論する際には,企業内で実際に行っているすべての教育・訓練の実態を素直に視覚化することが要である.しかし,最初から図 3.1 の階層別分野別教育体系が完成したわ

けではない．階層別分野別教育体系の構築は，階層別分野別教育体系のあるべき姿を描き，図 3.1 の三角形で表された"領域 A"から始まり，"領域 B"，"領域 C"へと分野が拡充され，また各領域は三角形の底辺から始まり頂点方向へ教育体系の見直しとともに徐々に深化していった．

　階層別分野別教育体系には，経営目標・戦略の実現のために，不足している組織能力を高めていくための研修プログラムと，他社を凌駕している組織能力をさらに強化していくための研修プログラムの両者が組み込まれている．経営環境などの変化を見据えて弾力的に教育体系を見直し続けなければ，教育体系とこれを構成する研修プログラムの形骸化を招く．したがって，知識・技能の弱さを解消するための研修プログラム（弱み解消）と高い知識・技能をさらに伸ばすための研修プログラム（強み強化），経営目標・戦略の実現を目指す研修プログラム（企業の発展）と個人ごとのキャリアプランの実現を目指す研修プログラム（個人の成長），中途採用・海外拠点で働く人々など多様な価値観・経験をもつ人々に対する研修プログラム，企業文化を伝承する研修プログラムなど，教育体系とその研修プログラムを最適化する試みが重要になる．特に，第 2 章で解説した，中長期人材育成計画の実現に必要な研修プログラムと現行の研修プログラムとのギャップを特定することが企業の持続的発展のポイントになる．

3.2　多様な研修プログラムの有効な組合せ

"品質管理は教育に始まり教育に終わる"といわれるように，いかなる経営環境の変化においても，品質管理を確実に実践できる人材の育成を絶やさないことが，TQM 実施の基本に置かれる．人材育成の思想を視覚化した階層別分野別教育体系には，固有技術にかかわる教育・訓練と管理技術にかかわる教育・訓練，職場外教育と職場内教育，社内教育と社外教育など，多様な研修プログラムで編成されており，これらを有効に組み合わせて人材育成を全体最適に導くことが重要になる．

想定される研修プログラムの多様な組合せの例		研修プログラム					
		固有技術	管理技術	職場		企業	
				内	外	内	外
研修プログラム	固有技術			○	○	○	○
	管理技術			○	○	○	○
	職場　内	○	○				○
	外	○	○			○	○
	企業　内	○	○	○	○		
	外	○	○		○		

（1）固有技術と管理技術

顧客価値提供の媒体になる製品・サービスの機能，性能，使用性，入手性，経済性，安全性，環境保全性，感性品質などの品質要素に関する専門的な知識とそれを実現する技術，いわゆる固有技術が企業の持続的発展の生命線を握っている．そして，これらの固有技術を特定の個人に埋もれさせることなく引き出し，組織的に保有できるように，また組織的に保有している固有技術を仕事にうまく適用できようにするための技術，いわゆる管理技術が必要になる．同じ原因で二度と失敗を繰り返さないためや，経験を事実・データで次の仕事に活かすなどのための管理技術は，固有技術のレベル

を上げるために重要であるが,管理技術単独では役に立たないし,個々の管理技術をばらばらに活用しても大きな効果は得られない.そのため,階層別分野別教育体系を構成するに当たっては,製品・サービスに固有の技術と,この技術を活かすための管理技術とを一緒にして体系化し,両方の技術を習得するための研修プログラムをうまく組み合わせなければならない.

この際,製品・サービスの企画開発・設計・製造・販売サービスなどの業務に必要な固有技術を洗い出し,その固有技術を活かすための管理技術を階層別分野別に特定することが重要になる.管理技術の研修において,品質管理教育の担っている役割は大きい.例えば,品質保証体系図を例にとれば,新製品・新サービスの企画・開発・設計における品質機能展開,デザインレビュー,実験計画法,信頼性手法をはじめ,品質特性とその規格値の重要度と意図を後工程に伝達するための品質保証表(QA表),工程で何を目的としてどのような作業が行われどのようにチェックしていけばよいのかを表したQC工程図(表),品質問題の改善を効率化する問題解決の手順やQC七つ道具などが管理技術の重要な一翼を担っている.また,管理間接部門の業務の進め方を透明化して共有する手法としてプロセスフローチャートなどもある.

企業が学習した知見を次の仕事に活かすための多様な仕組みの具体例を図3.2に示す.この図では,縦方向に品質保証の各段階における不具合の防止を検討するためのデザインレビューなどの仕組みを列挙し,事業活動において発生した品質面の各種情報を収集・蓄積・共有して次の仕事に展開して活用するための全社的な仕組み

3.2 多様な研修プログラムの有効な組合せ　　61

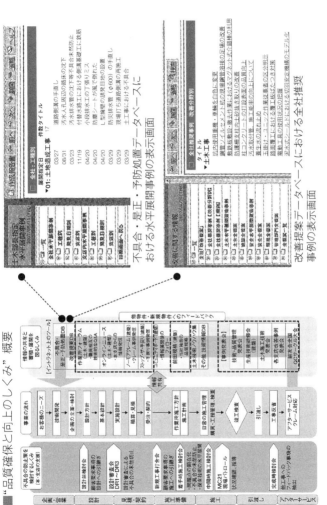

図 3.2　企業が学習した知見を次の仕事に活かすための多様な仕組みの例
[出典　前田建設工業 (2007), CSR 報告書, pp.23-24]

を一覧化している．図3.2の右側に示してあるのは，情報を共有する仕組みである，不具合・是正・予防処置と改善提案の全社データベースの例である．

(2) 職場外教育と職場内教育

人材育成にかかわる比重は，各部門における職場内教育のほうが，職場外教育よりも大きくなるのが一般的である．特に，各部門で日常的に実施されなければならない分掌業務を効率的に達成するための活動として位置付けられる日常管理を遂行するための能力の獲得については，各部門の全員を対象にした職場内教育に依存する面が多い．そのため，職場内教育の仕組みを体系化し，OJTや小集団改善活動などの実施の要領を標準化することが必要になる．OJTの実施要領の例を図3.3に示す［OJTの詳細は4.2(1)参照］．

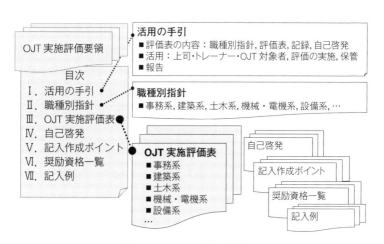

図3.3　OJTの実施要領の例

日常業務から離れて行う職場外教育は，職場内では習得が非効率になる，職位や職能に応じた共通的な能力や，高度で専門的な知識・技術・技能について，受講者を特定し，研修施設などにおいて期限を区切って集中的に知識・技術・技能を学習する場である．職場外教育は，受講者の直接対面的な情報交換，コミュニケーションのネットワーク構築などに役立つ反面，業務の忙しさや出張を伴う研修施設への距離・費用などの制約から期間限定の職場外教育に参加できない人も出てしまう．そのため，ITを活用したeラーニング，通信教育などによって職場内で能力を育成する補完的な教育システムを用意しておくことも考慮する必要がある．

職場外教育は，育成する能力の局面に応じて主管部門が研修プログラムを構築するため，階層別分野別教育体系に明示されやすい．反面，各部門が主体的に取り組まなければならない職場内教育は，部門内研修プログラムとして多岐にわたるため教育体系に現れにくくなる傾向がある．そのため，各部門が職場内教育として何を行わなければならないかについて，人材育成委員会またはその事務局業務を担う人事部門などが十分に調査し，階層別分野別教育体系における位置付けを明確にすることに特段の留意を払う必要がある．

(3) 社内教育と社外教育

企業が，品質の良い製品・サービスの提供を通した顧客価値提供の主体という位置付けであるならば，他企業との競争優位性を維持するための固有技術に優れ，その技術を活かすための管理技術を使える人材の育成をするうえでは，社内教育の占める比重が大きい．

しかし，最先端の高度な知識・技術に関する能力を育成するための社内教育の研修プログラムの確立に必要な経営資源が不足する場合も多い．中長期人材育成計画に基づいて強化しなければならない能力開発が，社内教育では非効率になる場合は，社外の専門的な教育機会を活用することになる．社外教育の一環として外部教育機関での履修者や大学などの外部機関で研究した人材を講師役に，固有技術や管理技術の研修プログラムを作成し，社内教育として順次内製化を試みることが望ましい．

　限られた経営資源で品質管理教育を行ううえで，TQM の基本，QC 七つ道具，新 QC 七つ道具，初歩的な統計手法などは社内講師による社内教育で対応し，実験計画法，品質工学，多変量解析法，信頼性手法などの専門的な手法・数理は社外教育を活用するのが効率的である．また，日常管理，方針管理，小集団改善活動などの基本事項は社内教育で習得し，それらを効率化するためなどの高度な問題解決には，社外講師を招聘（しょうへい）して社内教育の一環として研究会活動などで対応する場合が多い．品質管理教育について，社内教育と社外教育を階層別に組み合わせて実施する例を図 3.4 に示す．

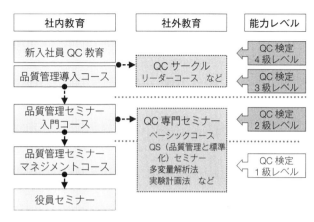

図 3.4 社内教育と社外教育を組み合わせて実施する例

3.3 人材育成における小集団改善活動の役割

(1) 実践教育としての修羅場の経験

品質立国日本を目指して品質関連諸団体が協力し，3年間の有期限で活動した"日本ものづくり・人づくり質革新機構"（理事長：髙橋朗デンソー会長，当時）の第6部会クオリティ専門家づくり（部会長：大滝厚明治大学教授，当時）の報告書[12]では，修羅場を経験する実践教育の場作りが人材育成に欠かせないと提言している．ここでいう修羅場とは，表3.2に示すような，自分のもつ能力のすべてを発揮しなければ問題を解決したり，顧客からの信頼を獲得できたりしない，いわば待ったなしの場面を指す．重要品質問題や重大事故の発生時などに，トップに代わり実務責任者やナンバー2として解決の任に当たり，自ら貴重な体験を経験することや場数

表 3.2 修羅場を乗り越えるために必要と考えられる能力 [12)]

- 組織全体に目的を共有化させ,行動を起こさせる力
- 組織を効果的にマネジメントする力
- 論理的に思考・行動する力
- 新しい技術や仕組みを創造・確立する力
- 業務を効果的に実行する力
- 意思を的確に伝達する力

を踏むような修羅場の経験が,人材育成に大きく寄与するという提言である.

小集団改善活動は,職位職能に応じた修羅場の経験を促す実践教育の場を提供する.小集団改善活動に参加し,職場の重要問題の解決や挑戦課題に取り組んで達成する過程を通して問題解決や課題達成の能力を養えることから,階層別分野別教育体系の一環に位置付けることができる.

(2) 小集団改善活動の形態

企業が取り組んでいる小集団改善活動には様々な形態があるが,大きく分けると表 3.3 に示す二つの側面で整理することができる.

これらの二つの側面に着眼して小集団改善活動を整理すると,a 職場型・継続型,b 職場型・時限型,c 横断型・継続型,d 横断型・時限型の四つの形態に分けられる.どれか一つの形態だけに偏った小集

	継続型	時限型
職場型	a 型	b 型
横断型	c 型	d 型

3.3 人材育成における小集団改善活動の役割

表 3.3 小集団改善活動の様々な形態を
整理するための二つの側面

型	型の特徴
職場型 or 横断型	同一職場内で同じ，または類似の仕事をしている人々で小集団を編成する．
	職場をまたがる，または職域が異なる人々で小集団を編成する．
継続型 or 時限型	一つの問題を解決する，または課題を達成した後も引き続き同じ編成の小集団で違った問題・課題に取り組む．
	一つの問題を解決する，または課題を達成した後に小集団を解散する．

［出典 JSQC-Std 31-001:2015, p.12 をもとに作成］

団改善活動に限定することは避け，小集団改善活動の目的を考え，複数の形態を必要に応じて並行して問題解決や課題達成に当たることが実務としてふさわしい．

職場型・時限型（b型）や横断型・時限型（d型）の代表的な小集団改善活動には，企業の重要問題の解決や重要課題の達成のために結成された改善チーム（重要問題・重要課題について，その解決・達成のために作られた小集団）によって行われるチーム改善活動がある．また，職場型・継続型（a型）の代表的な小集団改善活動には，第一線職場で働く人々が継続的に製品・サービスの品質・質またはプロセスの質の維持向上・改善を行うためのQCサークル活動がある．チーム改善活動の基本的な進め方を図3.5(a)に，QCサークル活動の基本的な進め方を図3.5(b)に示す．

第3章 人材を育成する仕組み

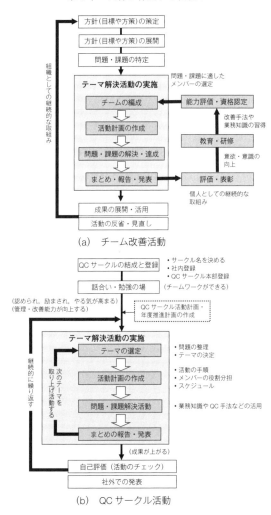

図 3.5 チーム改善活動と QC サークル活動の基本的な進め方

[出典 (a)は JSQC-Std 31-001:2015, p.15, 図 3,
(b)は QC サークル本部編(1997):QC サークル活動運営の基本,
p.65, 図 4.1, 日本科学技術連盟をもとに作成]

(3) 社会人基礎力を育む小集団改善活動

小集団改善活動に必要な主な能力，また小集団改善活動を通して育成することが期待できる能力を表 3.4 に示す．

経済産業省の有識者委員会（座長：諏訪康雄法政大学大学院教

表 3.4 小集団改善活動における必要能力と育成可能な能力

	必要能力	育成可能な能力
基本	基礎となる能力	理解力，応用力，創造力，目的意識，視野の広さ，協調性，倫理観など
	組織人として必要な能力	行動力，コミュニケーション力，プレゼンテーション能力など
	情報に関する能力	情報の収集力・活用力，IT 活用能力など
固有技術	専門能力	各部門の業務（研究開発，設計，生産，営業，財務，人事など）を遂行するために必要な知識とその活用能力
	製品・サービス知識	自組織の主要製品・サービス，活用されている技術，市場・顧客（業務，製品・サービスの使い方・利用の仕方を含む）などに関する知識とその活用能力
管理技術	改善能力	改善の手順に関する知識とその応用力，改善の手法に関する知識とその活用能力，問題・課題発見能力，仮説設定能力など
	小集団運営能力	小集団運営方法に関する知識とその応用力，リーダーシップ，メンバーの異なる能力を把握し発揮させる能力，説得力・調整力，指導力・人材育成力など
	組織運営能力	方針管理，日常管理，小集団改善活動，品質管理教育，品質保証などに関する知識とその応用力
	経営方針の理解と展開力	中長期経営計画や年度方針に関する理解とその展開力

［出典 JSQC-Std 31-001:2015, p.11, 表2をもとに作成］

授，当時）は，"職場や地域社会で多様な人々と仕事をしていくために必要な基礎的な力"として"社会人基礎力"をまとめ，2006年に公開した．社会人基礎力は，図3.6に示す三つの能力（前に踏み出す力，考え抜く力，チームで働く力）と12の能力要素で構成されている．

　第一の能力である"前に踏み出す力"は，物事に進んで取り組む主体性，他人に働きかけて巻き込む働きかけ力，目的を設定して確実に行動する実行力である．第二の能力である"考え抜く力"は，現状を分析して目的や課題を明らかにする課題発見力，課題解決に向けたプロセスを明らかにして準備する計画力，新しい価値を生み出す創造力である．第三の能力である"チームで働く力"は，自分の意見をわかりやすく伝える発信力，相手の意見をていねいに聞く傾聴力，意見や立場の違いを理解する柔軟性，自分と周囲の人々や物事の関係性を理解する状況把握力，社会のルールや人との約束を守る規律性，ストレスの発生源に対応するストレスコントロールである．

　これらの能力の多くがQCサークル活動を通して育成できるという視点が重要である．

　詳しくは経済産業省のウェブサイト（http://www.meti.go.jp/policy/kisoryoku/）を参照してほしい．

＜3つの能力／12の能力要素＞

前に踏み出す力（アクション）

〜一歩前に踏み出し，失敗しても粘り強く取り組む力〜

主 体 性	物事に進んで取り組む力
働きかけ力	他人に働きかけ巻き込む力
実 行 力	目的を設定し確実に行動する力

考え抜く力（シンキング）

〜疑問を持ち，考え抜く力〜

課題発見力	現状を分析し目的や課題を明らかにする力
計 画 力	課題の解決に向けたプロセスを明らかにし準備する力
創 造 力	新しい価値を生み出す力

チームで働く力（チームワーク）

〜多様な人々とともに，目標に向けて協力する力〜

発 信 力	自分の意見をわかりやすく伝える力
傾 聴 力	相手の意見を丁寧に聴く力
柔 軟 性	意見の違いや相手の立場を理解する力
状況把握力	自分と周囲の人々や物事との関係性を理解する力
規 律 性	社会のルールや人との約束を守る力
ストレスコントロール力	ストレスの発生源に対応する力

図 3.6 社会人基礎力

［出典 経済産業省，社会人基礎力，http://www.meti.go.jp/policy/kisoryoku/］

3.4 品質保証にかかわる人材の育成

(1) 品質保証体系図に内包化された人材育成の仕組み

　品質保証にかかわる活動の大綱は，品質保証体系図（図1.5参照）に示される．品質保証体系図には，顧客や社内の関係部門だけではなく，品質保証に大きく影響する利害関係者として，労務，部品・材料，生産設備・機械，物流などを提供する協力会社が示されるのが普通である．

　海外での生産，海外からの調達など近年急速に拡大するサプライチェーンにおいて，協力会社の品質保証への比重が増している．最終顧客となる使用者や利用者に良い品質の製品・サービスを提供するためには，品質保証活動の一環として，製品・サービスの開発，不具合の未然防止，原価低減，納期短縮，労働安全衛生，アフターサービス，回収・再利用・廃棄などを協力会社と協働し，協力会社や顧客との Win-Win 体制を進展していく必要がある．このため，部品・材料の納入企業，生産プロセスのパートナー企業などを巻き込んだ新製品開発段階での FMEA（Failure Mode and Effects Analysis）によるトラブルの未然防止活動，製造段階で納入された部品・材料，出荷後の物流などに起因する不適合製品に対する再発防止活動など，品質保証体系図のどの段階で，どのように協力会社と協働するかを，過去の失敗経験などの知見を活かして明らかにし，仕組み化していくことが有益である．

　協力会社が納入した不適合製品に対する品質改善の仕組みを品質保証体系図に内包化し（例えば，図1.5の"施工品質の作り込み"

段階での"改善活動実施要領"など),製品の継手部分のペンキ流れ不良を協力会社と協働で改善活動に取り組み,再発防止対策とその成果を共有している例を図3.7に示す.この例では,チーム改善活動及びその成果発表が,改善活動の過程でQC七つ道具などを用いた調査・分析のやり方,QCストーリーによる改善の手順などを実践を通して学ぶ場となっている.

図3.7　協力会社と協働した品質改善と成果発表の事例

(2) 品質保証を支える生きた標準

品質保証を進めるうえでは,図3.8に示した,標準を起点にした改善の流れを重視することが大切である.手戻り・やり直し・不具合などの問題が発生した場合,まず問題がこれ以上拡大しないための応急対策を行う.また,これに並行して原因追究を実施する.原因追究では,最初に標準の有無に着眼する.そして,標準があったのか,なかったのかを確認する.標準があって問題が発生したことがわかったのならば,その標準を守ったのか,守らなかったのかを三現主義で調べる.もし仮に標準を守って問題が発生したのならば,原因を追究してその再発防止対策を盛り込んだ標準に改訂す

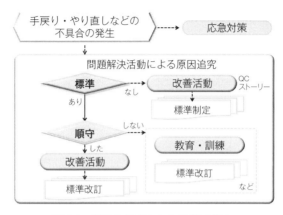

図 3.8 標準を起点にした改善の流れ

る．一方，標準を守らなかったのならば，その理由を確かめ，例えば再教育や訓練などを行う．また，標準がなくて問題が発生したのならば，改善活動によって再発防止対策を盛り込んだ標準を制定し，教育・訓練を行う．標準の順守とその改善のサイクルを繰り返し回すことによって業務の質のレベルアップを図り，品質の良い製品・サービスを後工程に確実に引き渡すことを促進できる．

図3.9は"私の仕事"という手垢にまみれた業務マニュアルの例である．業務に携わったときに間違いなく仕事ができるように作業手順を標準書にまとめ，さらに標準どおりに作業したときの失敗経験を活かして改善点を朱書きで手順書に書き加え，仕事の質を高めていく．このマニュアルを担当者が代わっても代々引き継ぎ，マニュアルを使いながら仕事の変化や顧客の要望に合わせて改善を繰り返すことで生きた作業標準となっている．このような例を見ると，改善活動は，人を育て，自己実現の場を広げ，問題意識や士気

図 3.9 "私の仕事"をもっとやりやすく〜手垢にまみれたマニュアル

を高めることにつながることを実感できると思う．

3.5 経営層が人材育成に関与する仕組み

　人材育成は，成果をすぐに得ることが難しく，ある程度の年月を要する場合が多い．経営目標・戦略の実現のために中長期的な視点から投資を行い，計画的に推進する必要がある．反面，人材育成は，その直接的な効果がすぐには把握しにくい．そのため，経営層の人材育成を重視する思想とリーダーシップがないと人材育成が進展しない．したがって，人材育成の重要性を訴求し，リーダーシップの発揮を促すための経営層に対する教育の機会，経営層が管理者や第一線職場で働く人々の育成にかかわる教育の場などの仕組みを確立しておくことが望ましい．

(1) 経営層を育成する仕組み

経営層に対しては，社内講師による教育課程を研修プログラム化することが容易でないことが多いため，社外の有識者による"役員セミナー"，経営層が互いに胸襟を開いて話し合える"役員グループディスカッション"などを研修プログラムとして，定期的に開催するような仕掛けを工夫する必要がある．

"役員セミナー"は，社外トップの特別講演，社内の経営層による最新情報の講話，社外の学識経験者による品質管理特論などを研修プログラム化することで，経営目標・戦略の実現へ向けてのTQM実施を促すための有効な場になり得る［詳細は4.1(4)参照］．

"役員グループディスカッション"は，経営層と幹部候補の管理者を対象に，経営層の重要課題に対する共通認識の醸成やベクトル合わせを主要な目的としており，討論の結論は推奨事項として該当分野を統括する経営層に申し送られる．"指揮官の意志がバラバラでは力が出せない！"という問題意識のもとで時宜折々に合宿形式も取り入れ，研修，問題意識の高揚とすり合わせ，重点課題達成の論点整理などを行い，経営層にゆらぎを与え，活性化するための研修プログラムといえる．"役員グループディスカッション"の概念を図3.10に示す．

(2) 経営層による管理者育成の仕組み

経営層が管理者の育成に積極的にかかわり，次世代の経営層を育成していく仕組みには，経営層による，現場診断・現場訪問の実施，管理者が参加したグループディスカッションでの指導・アドバ

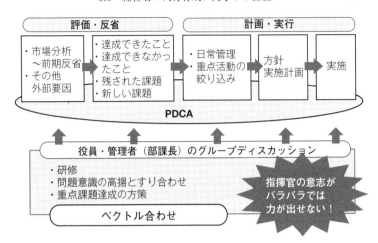

図 3.10 経営層の資質を磨くための役員グループディスカッション

イス，管理者が主導した改善活動に対する評価などがある．

　管理者の育成に大きく役立つ場の一つは，経営層による第一線職場の現場診断や現場訪問である．経営層が，三現主義で現場の実態を認識したうえで，管理者から方針管理・日常管理の実情の説明や，問題解決・課題達成の実施状況の報告などを受けて指導やアドバイスをすることによって，経営層の期待する管理者を育成するための機会になる．また，経営層にとっても，第一線職場の姿を学習する機会にもなる．このため，現場診断や現場訪問は，経営層と管理者の双方にとって，相互学習の機会になる．

　次世代の経営層候補の管理者を"役員グループディスカッション"に加えて討論に参加させたり，グループ討論の事務局を担当させたりすることは，管理者にとっての大きな刺激と啓発の場になる．管理者にとっては経営層の思考を直接聞くことが可能である

し，経営層は管理者の多面的な資質を把握することができる．

　管理者は方針管理の成否に大きく関与しており，職位・職能に応じた問題解決・課題達成に取り組んでいる．経営層は，現場診断・現場訪問のときや半期・期末などの節目で，管理者による問題解決・課題達成の実施状況の報告を聞き，顧客指向のもとで事実・データで意思決定をしているかなどの観点から，問題解決・課題達成プロセスを評価し，管理者を指導することができる．この場は，管理者育成のための実践教育の一環に位置付けられる．

　表 3.5 に，経営層による管理者への質問例を示す．現場診断などの場において，ここに示したような問いを経営層が発して意見交換することによって，品質優位の健全な企業発展を促す管理者としての資質を啓発できる．

(3) 経営層による第一線職場の人々の育成の仕組み

　経営層の第一線職場の人々に対する影響は極めて大きく，第一線職場で働く人々の育成を重視する姿勢を常日頃から公にすることが重要である．例えば，定時株主総会における事業報告の"対処すべき課題"や CSR（企業の社会的責任）報告書などで，経営層が人材育成を重視する考えや重要施策などを表すことが相当する．

　筆者が，世界的な規模を誇る自動車会社の定時株主総会において，経営層が人材育成の大切さを語った機会に予期せず出会った事例を紹介したい．事業報告書の対処すべき課題に"企業の競争力の原点は人づくりとの思いから，次の世代にモノづくりの技術・技能・価値観を伝承していく，創造性豊かな人材の育成に取り組む"

3.5 経営層が人材育成に関与する仕組み

表 3.5 経営層による管理者への質問例

観 点	管理者への質問例
顧客重視	顧客の要求を満たすことや，顧客の期待を超えるために，どのような努力をしているか．
リーダーシップ	目的と目指す方向を一致させ，人々が組織の品質目標の達成に積極的に参加するために，どのような状況を作り出しているか．
全員参加	すべての階層にいる，力量があり，権限を与えられ，積極的に参加する人々が，価値を創造し提供する組織の実現能力の強化に貢献しているか．
プロセス重視	活動が首尾一貫したシステムとして機能する相互に関連するプロセスであることを理解し，運営管理することによって，矛盾のない予測可能な結果を，より効果的かつ効率的に達成しているか．
改 善	成功する組織のために，改善に対して，継続して焦点を当てているか．
事実に基づく意思決定	データと情報の分析・評価に基づく意思決定によって，望む結果を得ているか．
関係性管理	持続的成功のため，密接に関連する利害関係者との関係をどのようにマネジメントしているか．

と謳われていた．株主から人材育成の考え方を問われた社長は，競争力の源は人材育成であり，人間性尊重とチームの総合力発揮のために，たゆまぬ OJT と階層別教育が重要であると，人材育成の重要性を自覚しているトップの考えを即答した．これは，経営層の人材育成を重視する姿勢が自然体の発言となって表れた証であると捉えることができる．

また，集合教育の場などで経営層が品質優先の企業文化を訴求し，浸透するための特論を受けもつなどの機会も必要である．

さらに，集合教育の場だけではなく，経営層は，現場診断や現場

訪問のときに，第一線職場の小集団改善活動や提案活動の報告をもらい，意見交換やアドバイスすることによって，直接的に第一線職場の人々を育成する場にできる．この場は経営層にとっても，第一線職場がどのような問題に直面しているか，また課題は何かを知る機会になる．

経営層が改善チームや QC サークルによる改善事例発表会に参加して聴講し，表彰や総合講評を行うことや，発表会後に懇談することなどは，第一線職場で働く人々の士気を高め，改善意欲などの啓発に大いに貢献する．図 3.11 は経営層が協力会社の QC サークル発表大会に参加している様子である．第一線職場の人々は，経営層の後ろ姿を見て，その姿勢を敏感に察する．経営層が，小集団改善活動を重視する思いを自らの行動で示すことは，第一線職場の人々に対する動機づけを促すとともに，品質管理の重要性を浸透するための人材育成の機会となる．

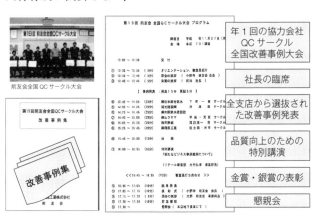

図 3.11　経営層の協力会社 QC サークル大会への積極的なかかわり

第4章 研修プログラムとその運営

本章では，品質管理に関する職場外教育や職場内教育の研修プログラム，さらには新たな発想による研修プログラムが，企業内においてどのような内容で行われているかについて，ある企業の事例を取り上げて紹介する．ここでいう研修

プログラムとは，特定の条件を満たす人を対象に，特定の知識・技能の習得やそれを実務に適用する能力の向上を目的に，特定のカリキュラムに従って行う教育を指す．

4.1 職場外教育での研修プログラム

職場外教育は，職位・職能として一人ひとりにとって不可欠な知識，技術，技能などを学習して習得することを主要なねらいに行われる．本章で取り上げた企業では，研修プログラムは，階層別分野別教育体系（図3.1参照）に基づき，階層別で

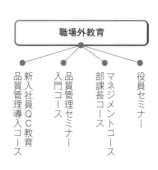

は経営層から一般従業員までを主な対象者に，品質に重要なかかわりをもつパートナー（例えば，グループ企業，供給者など）も極力対象者に加え，教育・訓練の機会を提供している．

職場外教育は，集合研修形式で開催される研修プログラムが大半を占めることから，受講者が受け身の姿勢にならないような動機づけが重要になる．このため，受講者の上位に位置する管理者は，指名した受講者の業務が研修期間中に停滞しないよう事前に策を講じたうえで，事前学習の機会を設け，研修期間中は受講者が研修に集中できるような配慮を行っている．また，研修終了時の理解度確認（例えば，知識確認テスト，技能試験など），研修後は実践教育として学習事項の実務での実践度合いを評価して修了するなどの仕組みの工夫も行っている．

社内の集合研修では，講師の目が受講者に行き届き，また受講者同士のコミュニケーションがよくとれるように，20名から40名程度にし，80名は超えないことを原則にしている．

（1）新入社員 QC 教育と品質管理導入コース

品質管理の職場外教育は，社内の集合教育で始まる．入社したばかりの一般従業員などが初めて就業したときに，約半日の"新入社員 QC 教育"において，TQM の基本となる概念・用語・行動原則，QC 的ものの見方・考え方などを学習する研修プログラムを皮切りにする．TQM の全体的な概念は図 4.1 によって理解を促し，その中の QC 的ものの見方・考え方は図 4.2 を中心に講義を行う．この研修プログラムでは，グループ企業の対象者も含み，企業とし

4.1 職場外教育での研修プログラム

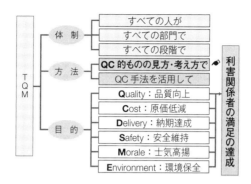

図 4.1 TQM（総合的品質管理）の概念
［出典　引用・参考文献 16), p.12, 図 1.2 をもとに作成］

て重要視している TQM への取組みに対する理解を促し，"PDCA"，"工程で品質を作り込む"，"後工程はお客様" など品質管理の重要概念になじんでもらうように試みている．これによって，グループ企業のすべてが共通言語で品質管理に取り組める企業文化を育んでいる．

仕事に慣れてきた 3 か月から半年後に再集合し，"品質管理導入コース" として 2 日間，問題解決型 QC ストーリーの学習，QC 七つ道具の演習，特性要因図などでブレーンストーミングして制作した紙飛行機の飛行距離とコースの正確さを競うグループ演習を行う．コミュニケーションが必要なグループ演習を交えて，楽しみながら問題解決の手順と基本的な QC 手法を学ぶことで第 1 段階の研修プログラムを終了する．その後，職場に戻って改善テーマを登録し，半年弱にわたり改善活動による実践教育を行い，改善成果発表を行って初めて部門長から修了証書を授与し，第 2 段階の研修

品質優先／品質第一
・品質を最優先で第一に取り上げ，顧客が魅力を感じて買ってくれ，使ってみて，喜んでもらえるような，品質保証された，満足度の高い製品やサービスを作り出していくこと．
顧客指向
・消費者指向とも言い，消費者や顧客が欲する，喜んで買ってくれる製品やサービスを提供していくこと．
プロセス管理（工程管理）：プロセス重視の考え方
・結果のみを追うのではなく，プロセス，いわゆる仕事のやり方に着目し，これを管理し，仕事の仕組みとやり方を向上させること．検査だけでなく，"プロセス（工程）で品質を作り込む"ことを重視する．
PDCA サイクル（管理のサイクル）
・Plan・Do・Check・Act の略称．
・計画を立て，それに従って実施し，その結果を確認し，必要に応じてその計画を修正する処置を取るサイクルのこと．
事実に基づく管理：三現主義と五ゲン主義の重要性
・経験や勘のみに頼るのではなく，事実・データに基づいて管理する（PDCA サイクルを回す）こと．
重点指(志)向
・改善効果の大きい重点項目に着目し，これを攻撃するという考え方．
後(次)工程はお客様
・自分の工程で作り出した品物やサービスの受け手，いわゆる後（次）工程をお客様と考え，後工程に対して良い品質のものを提供するため，自分の担当した業務を確実に処理して次の担当者に受け渡すこと．
標準化
・ものや仕事のやり方について標準を決め，これを活用すること．
再発防止
・問題が発生したときに，プロセスや仕事の仕組みにおける原因を調査して取り除き，今後二度と同じ原因で問題が起きないように対策を実施すること．
未然防止
・実施に伴って発生すると考えられる問題をあらかじめ計画段階で洗い出し，それに対する修正や対策を講じておくこと．

図 4.2　QC 的ものの見方・考え方

[出典　引用・参考文献 15)を参考，16)，p.28, p.33, p.38, p.44, p.48, p.53, p.57, p.65, p.70 をもとに作成]

プログラムを完結する．

この研修プログラムでは，改善活動を効率化するための基本的な改善の進め方と基礎的な手法を学び，自職場での実践教育として，企業内でいろいろな形で進められている改善活動（図 4.11 参照）への参加を促している．このことは，自業務をより良くすることへの問題意識の高揚，改善成果による成功体験，自己実現への動機づけへの意味も大きい．

実践教育は，部門長の品質管理へのリーダーシップを強めるための仕組みの一つにもなっている．

(2) 一般従業員に対する品質管理セミナー入門コース

品質管理教育の特徴的な研修プログラムとして，"新入社員 QC 教育"，"品質管理導入コース"，"品質管理セミナー入門コース"がある（図 4.3 参照）．

これらの品質管理教育では図 4.4 に示す QC（品質管理）関連手

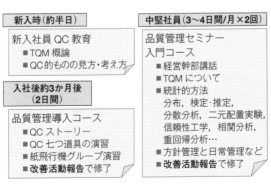

図 4.3　特徴的な品質管理教育の概要

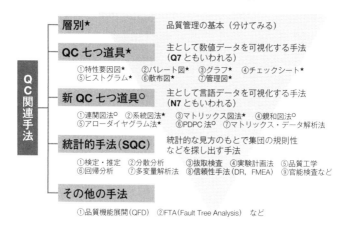

図 4.4 品質管理教育における QC 手法の習得

法の学習が主体となる．図内の★印は全役職員が活用してほしい手法，〇印は知っていてほしい手法として推奨している．図内の逆三角形の底辺（図の上側）に近い手法を使えば大概の問題解決ができ，また頂点方向（図の下側）に近い手法は専門性の高い分野で活用できるものである．

"品質管理セミナー入門コース"は，第一線職場の技術者などの一般従業員を対象にした研修プログラムである．受講対象者は，業務経験が7年から十数年程度の20歳代後半から30歳代を中心に，前期・後期各3日間（2か月間）で頭を使い，実際に手を動かして学ぶ，実践的な内容になっている．

その概要は，経営層の講話，TQM がなぜ必要かと実施方法は何かの浸透，業務に必要な主な統計的方法（分布，検定・推定，分散分析，二元配置実験，信頼性工学，相関分析，重回帰分析など），

方針管理と日常管理の仕組みなどを学習する．希望者に対しては最先端の事業所を訪問して見学し，学習する機会を設けている．

講義は社外の品質管理専門家が実施するが，日々の研修終了後に行う理解度確認テストと宿題演習課題の設問・採点・解説，事例紹介は，社外の品質管理セミナー［例えば，日本科学技術連盟の品質管理セミナーベーシックコース，日本規格協会の QS（品質管理と標準化）セミナーなど］を履修した社内講師が担当する．

受講者は，研修プログラムの開始時に自職場で問題解決しなければならない実践テーマを登録し，実践教育として研修後の約 3 か月から 6 か月をかけて改善活動を実施する．改善活動では，社内講師が必要に応じてサポートする体制をとっている．その後，改善活動成果報告を行うことによって，派遣した上位の管理者が修了証書を授与して研修プログラムを修了する仕組みを採用している．管理者が修了証書を渡す仕組みは，管理者が派遣した受講者の学習過程とその成果をきちんと見守ることを重視したためである．

図 4.5(a) に "品質管理セミナー入門コース"（前期）のカリキュラムを，図 4.5(b) に同コース（後期）のカリキュラムを示す．また，研修終了後の実践教育の具体的な進め方を図 4.5(c) に示しておくので参考にしてほしい．

この研修プログラムでは，企業の事業内容に即した管理技術を主に固有技術を含む科目が選択され，受講者・講師・派遣元の管理者・研修運営担当者などの意見を聞き，カリキュラムが毎回見直される．図 4.5 のカリキュラムは，技術者が業務遂行を効率化できる品質管理に関する管理技術として，初歩的な実験計画に必要な手

日		時　間	内　容
前期	9月17日(水)	9:00～ 9:30	オリエンテーション
		9:30～10:30	TQM概論
		10:30～10:45	休　憩
		10:45～12:30	分布(1)データの取扱いのもとになる基礎
		12:30～13:30	昼　食
		13:30～14:30	分布(2)データの取扱いのもとになる基礎
		14:30～14:45	休　憩
		14:45～17:00	分布(3)データの取扱いのもとになる基礎（平均値を中心として）
	9月18日(木)	8:30～ 9:30	テスト(1)
		9:30～10:30	検定・推定(1)データに基づいて判断する方法の基礎
		10:30～10:45	休　憩
		10:45～12:30	検定・推定(2)データに基づいて判断する方法の基礎（一つの母数の場合）
		12:30～13:30	昼　食
		13:30～14:45	検定・推定(3)データに基づいて判断する方法の基礎（二つの母数の場合）
		14:45～15:00	休　憩
		15:00～17:00	演習(1)二つの母数についての演習（対応なし／対応あり）
		17:00～18:00	テスト(1)解答・解説
	9月19日(金)	8:30～ 9:30	テスト(2)
		9:30～12:30	SQC模擬演習① データの取り方・まとめ方，ヒストグラム，相関分析
		12:30～13:30	昼　食
		13:30～17:00	SQC模擬演習② 回帰分析，管理図
		17:00～18:00	テスト(2)解答・解説

図 4.5(a)　品質管理セミナー入門コース(前半)のカリキュラム

法，信頼性手法としてデザインレビュー，FMEA（Failure Mode and Effects Analysis），FTA（Fault Tree Analysis）など，多変量解析法のうち重回帰分析などで編成されている．また，学習した手法を実務の改善活動で活用することに留意した，中堅社員としての実践教育を特徴としている．

　社内の研修プログラムでは専門的な能力が充足できない分野は，社外の教育機関（例えば，日本科学技術連盟や日本規格協会などの

日	時　間	内　　容
後期 10月29日(水)	9:30～11:00	信頼性工学(1)信頼性とは，信頼性の基礎
	11:00～11:15	休　憩
	11:15～12:30	信頼性工学(2)
	12:30～13:30	昼　食
	13:30～15:00	信頼性工学(3)信頼性手法について①工程 FMEA の活用など
	15:00～15:15	休　憩
	15:15～17:00	信頼性工学(4)信頼性手法について② DR，FTA など
	17:00～18:00	宿題解説：宿題答案に基づき，注意点などを解説する
後期 10月30日(木)	8:30～ 9:30	テスト(3)
	9:30～10:30	分散分析(1)分散分析の考え方
	10:30～10:45	休　憩
	10:45～12:30	分散分析(2)一元配置法
	12:30～13:30	昼　食
	13:30～15:00	分散分析(3)二元配置法
	15:00～15:15	休　憩
	15:15～17:00	演習(2)：分散分析(二元配置といわれる方法の計算法)
	17:00～18:00	テスト(3)解答・解説
後期 10月31日(金)	8:30～ 9:30	テスト(4)
	9:30～12:30	SQC 模擬演習③ 重回帰分析
	12:30～13:30	昼　食
	13:30～17:00	SQC 模擬演習④ 総合実技演習(これからのもの作り)
	17:00～18:00	テスト(4)解答・解説

図 4.5(b) 品質管理セミナー入門コース(後半)のカリキュラム

セミナー) を活用している．一般従業員の品質管理に関する能力レベルは，品質管理学会が認定する QC 検定（品質管理検定）におけるレベルを参考にし，就業したばかりの新入時の能力レベルはほぼ 4 級レベル，中堅技術者を対象にした "品質管理セミナー入門コース" は 2 級レベル相当をねらっている（図 3.4 参照）．

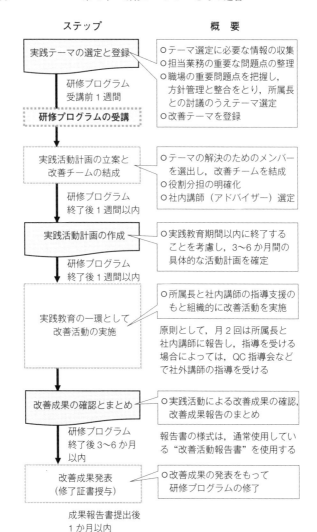

図 4.5(c) 研修終了後の実践教育の具体的な進め方

(3) 管理者に対する研修プログラム

部課長などの管理者に対する研修プログラムは，社内集合教育である"品質管理セミナーマネジメントコース"（以下，"マネジメントコース"）に重点を置き，これを補完する形で社外の教育機関による部課長コースを併用している．

管理者に対する社内の"マネジメントコース"は，経営幹部による講話，他社の管理者によるTQM実践の特別講演，機能別のマネジメントシステムとマネジメントスキル，部下育成とコーチング，自職場の課題を題材にしたグループ討論と発表，情報交換会などを織り交ぜた，3日間から4日間の研修プログラムである．講義は事業活動の運営管理に重要な管理技術に特化し，すべての科目を社内講師が担当するとともに，受講者が相互研鑽する場を重視している．特に，管理者としてTQMを推進するための組織的な取組み（図1.4参照）を運営する意義を理解し，TQM実施への自立的なリーダーシップの発揮を自覚する研修に力点を置き，管理者への動機づけの機会にしている．

管理者に対する社外の研修プログラムでは，品質経営とリーダーシップ，経営課題解決のためのマネジメント手法（方針管理，課題達成・問題解決法，QCサークル活動），リーダーシップ，コーチング，リスクマネジメント，グループ討論，情報交換会などの科目がある研修会を選択している．社内だけでは偏りがちな管理技術の幅広い知識や技術を学び，参加企業の管理者との交流を通して相互学習する機会にしている．

管理者に対する社内と社外の品質管理教育に関する研修プログ

ラムの概要を図 4.6 に示す．また，社内マネジメントコースのあるグループ討論で取り上げられたテーマの例を参考として表 4.1 に示す．

社内教育の例 "マネジメントコース" (3〜4日間)	社外教育の例 "部課長コース" (3日間×2か月)
○経営幹部による講話 ○他社の管理者による 　TQM 実践の特別講演 ○機能別のマネジメントシステム 　とマネジメントスキル ○部下育成とコーチング ○自職場の課題を題材に 　グループ討論と発表 ○情報交換会	○品質経営とリーダーシップ ○経営課題解決のための 　マネジメント手法（方針管理， 　課題達成・問題解決法，QC サー 　クル活動） ○リーダーシップ ○コーチング ○リスクマネジメント ○グループ討論 ○情報交換会

図 4.6 管理者に対する社内外品質管理教育研修プログラム(概要)

表 4.1 社内マネジメントコースで取り上げられた討論テーマの例

班	討論テーマ
1班	製造段階で発生した問題の解決の進め方が十分でない
2班	手戻り手直し事例を解析し，品質保証の仕組みを充実させる
3班	方針管理がスムーズに展開されない原因
4班	所長の方針管理が予定どおり進まない
5班	チェックと対策が実施しやすい計画がない
6班	作業手順書が整理・活用されていない
7班	教育を受けた知識が業務に活用されていない
8班	実務と密着した QC 教育が不足している

(4) 経営層に対する研修プログラム

経営層向けの研修プログラムは，社外の教育機関を活用する機会が多いが，社内において経営層の経営課題に対する見識を深め，議論しながらベクトルを合わせていく場作りを工夫している．

経営層に対する社内の研修プログラムは，時宜折々の経営環境に合わせた柔軟なプログラム編成が必要になる．象徴的な役員セミナーの例として，午後集合・翌日午前解散の合宿形式による"役員グループディスカッション"（図3.10参照）を主体にした"役員セミナー"を前後期の2回シリーズで実施している．参加者は取締役と執行役員を主体に，支店長，部門長など経営層候補の管理者もオブザーバー参加し，経営企画部門が事務局を担っている．この"役員セミナー"のカリキュラムを図4.7に示す．

"役員セミナー"の前期では，最初に論点整理として，社外トップの特別講演，社内トップの講話，学識経験者の品質管理特論などの講演を行う．次いで，TQM・品質経営の推進の実情と経営上の重要課題を各担当役員が報告する．これらを受けて，グループをいくつかに分けて重要課題の討論に入る．合宿形式であるので，夜は経営層の胸襟を開く場になるように懇談形式をとっている．翌日の午前中に長期的な視点を要する経営目標・戦略の実行における仕組みの課題に対する論点整理を行い，各グループが発表して解散する．

前期セミナーからおおむね2か月くらいの期間をあけて後期セミナーを開催する．この間に，各グループはリーダーが中心になり論点整理した各課題に対する実態調査と分析を主管部門長とともに

役員セミナー	前期	午後	●講演 　社外トップの特別講演,社内トップの講話, 　学識経験者による品質管理特論など ●TQM・品質経営推進の実情と重要課題の報告 ●重要課題に対するグループ別討論①
		夜	●懇談(経営層が胸襟を開くことがねらい)
		午前	●重要課題に対するグループ別討論② ●グループの論点整理 ●各グループによる中間発表
	1〜2か月間		前後期セミナーの間でグループ別の検討(グループリーダーを中心に論点整理した課題を主管部門長と調査・分析)
	後期	午後	●各グループによる重点課題解決の進捗報告 ●重要課題に対するグループ別討論③
		夜	●懇談(自由討論)
		午前	●重要課題に対するグループ討論のまとめ ●全体討論 ●グループ討論結果の展開方法の検討

図 4.7 社内役員セミナーのカリキュラム

自職場で業務をこなしながら行う．

"役員セミナー"の後期では，セミナーの前後期間で検討した資料をもち寄り，合宿形式で重要課題に対する"グループディスカッション"で意見をまとめ，最終段階で全体討論を行う．全体討論で提示された提案はすぐには事業活動に展開できないものも多いため，提案を管掌する経営層に申し送り，その進展は経営会議などで報告・審議することなど，討論結果の展開方法を取り決めてセミナーを終了する．

この"役員セミナー"の特徴は，極力日常業務から離れて職場か

ら隔離された合宿形式により，普段偏りがちな情報交換網を超えて経営層が一堂に会し，各自が認識している経営課題に対して真摯に率直な意見交換ができる場を工夫していることが挙げられる．グループによる自由討議を中核に置き，企業経営を担っている経営層の目を通した実態を根拠にした討論は極めて深くなる．また，討論結果による強制施行は避け，施行は経営上の意思決定を経るようにしている．"役員セミナー"の研修プログラム構成の概念は，日本科学技術連盟が毎年開催し，100回を超えた"品質管理シンポジウム"の主要事項と類似したものになっている．

　社外における経営層向けの研修プログラムでは，グローバル社会の品質経営，先進企業トップの品質経営での経営戦略実践の考え方・進め方，課題討論，情報交換などの機会の提供を念頭に置いている．異業種の経営層から刺激を受け，コミュニケーションのネットワークが形成されることも重要視している．研修プログラムの例としては，前記の"品質管理シンポジウム"などが挙げられる．

(5) グループ企業，協力会社に対する研修プログラム

　品質保証を確実に行うためには，グループ企業や協力会社などの品質へのかかわりの深いパートナーに良い仕事をしてもらうための研修プログラムが重要になる．

　グループ企業に対しては，社内の研修プログラムを極力共用し，品質管理に関する基本事項をグループ企業が共有するとともに，グループ企業の人材育成に対する負荷低減を図っている．有力なグループ企業に対しては，デミング賞などの外部の品質賞への挑戦

も，企業の持続的発展を可能にする人材の育成の機会と捉えている．

協力会社などのパートナーに対しては，他社としての立場や位置付けを尊重して強要は避けながら，パートナーとして両者がWin-Winの関係になるような研修プログラムを考慮している．規模の大きな協力会社に対しては，階層別分野別教育体系（図3.1参照）に準拠した研修プログラムを選んで推奨し，学習を促している．

特化した固有技術に優位性をもった専門職種の協力会社は，品質保証でのかかわりが極めて深いものの，経営資源が乏しく体系的な品質管理教育が行えない小規模な企業が多い．そのため，階層別分

表 4.2 協力会社に対する研修プログラムの例

対象者		講義内容	期間
協力会社の経営層	A	当社とTQM，TQMとは，QCサークルとは，改善事例の紹介・説明	各1日
	B	協力会社のQCサークル活動	
協力会社の後継者	C	TQMはなぜ必要か，TQMとは，QCストーリーとは，QC手法とは	
	D	TQMの基本，QC的考え方による問題解決	
協力会社の管理者	E	当社とTQM，TQMとは，QCサークルとは，QCストーリーとは	2日
	F	TQM概論，品質管理の導入と推進，品質管理と管理者の役割，品質管理の手法，当社の基本方針と推進計画の説明	3日
協力会社の職長	G	QCサークルとは，QCサークルの基本，QCサークル活動の始め方・進め方，QC七つ道具	各2日
協力会社会の役員	H	品質管理概論，QC手法，QC的ものの見方・考え方，QCサークル活動の基本的な進め方，当社の基本方針と推進計画の説明	

野別教育体系の中で研修プログラムを用意している．具体的には，改善活動を活性化するための，TQMの基本とその必要性，QCサークル活動，QCストーリー，QC七つ道具を主体にした，表4.2に示すような数種類の研修プログラムから協力会社のニーズに合わせて選択し，社内講師が講義を行っている．

4.2 職場内教育での研修プログラム

(1) OJT (On the Job Training)

職場内教育の主要な研修プログラムにOJTが位置付けられる．OJTは，業務を遂行するうえで基本になる力量をおおむね5年間で養うことをねらいに，企業で一般従業員が入社したときなど初めて業務に従事

してから5年間で育成すべき固有技術と管理技術はもとより，社会人としてのマナーも含む職種別の能力を整理してプログラム化している．

OJTの対象者は，OJTの期間中に職種の異なる三つ以上の職場を経験する機会を設け，その過程で一人ひとりにとって最もふさわしい職域を見いだしていくように留意している．OJTは，自立的な人材育成のための主体性のある教育の場にすることを意図し，各職場では力量の優れた直属の先輩がOJTのトレーナーになり，OJTの対象者の個人ごとの教育・訓練計画に沿って一対一で教

育・訓練を行っていく仕組みにしている．

OJT により習得した能力の評価は原則として年2回行い，OJT の対象者，OJT トレーナー，上司の三者が対話しながら，職種別の"OJT 実施評価表"により目標の達成状況を評価する．達成度評価は5段階による評価点(評価点1：一つひとつ教えないとできない，評価点2：急所を教えればできる，評価点3：一人でできる，評価点4：応用ができる，評価点5：指導ができる）を用い，目標値は評価点3を基準にしている．OJT の仕組みの概念を図 4.8 に示す．

OJT の具体的な研修プログラムは"OJT 実施要領"として標準化され，活用の手引，職種別指針，OJT 実施評価表，自己啓発，記入作成ポイント，奨励資格一覧，記入例の7項目で構成されている．"OJT 実施要領"を図 4.9 に示す．

"OJT 実施要領"の中核を占める職種別の"OJT 実施評価表"は，品質，コスト，納期，安全，環境，意欲などの業務遂行上の基本事項で習得が期待される能力に対する達成期限が幅をもって示され，達成状況を OJT の対象者が自己評価したうえで OJT トレーナーと上司がアドバイスし，翌年度の個人別 OJT の教育計画に反映される．

職種別指針の一つである建築系技術者の"OJT 実施評価表"を図 4.10 に示す．"OJT 実施評価表"は，建築系技術者として共通的な OJT で習得する基本科目，例えば，品質管理，人員計画，検査，生産技術，工程管理，購買・原価管理，安全管理，記録作成などが，A4 判換算で8枚にまとめられており，これらに加えて部門独自の OJT で習得すべき個人ごとの科目を追加して記載できるよ

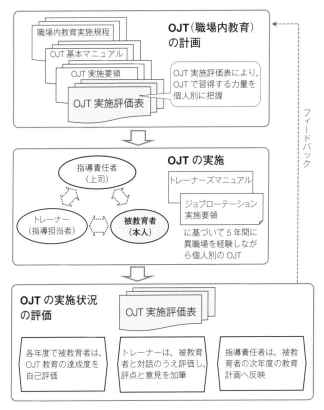

図 4.8 OJT の仕組みの概念

うにしている．

　能動的な OJT の実施により，指導・アドバイスを受ける OJT の対象者の一人ひとりが OJT により自らが何を習得すべきかの到達レベルとその過不足とを自覚することによって，自立的な学習を促すことをねらっている．また，トレーナー教育を受けた OJT ト

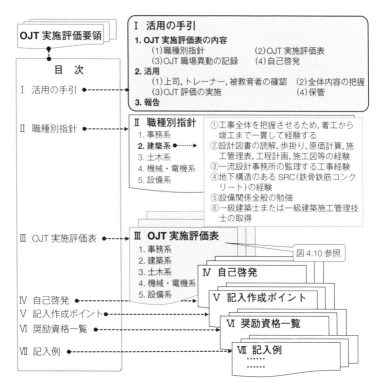

図 4.9　OJT 実施要領

レーナーにとっても，OJT の対象者に対するコーチング力や指導力を高めていくための実践教育の場になっている．

　OJT の研修プログラムは，OJT の対象者の能力を多面的に高めることはもとより，OJT トレーナー自身の能力向上を図るための相互研鑽の機会を提供する仕組みである．

4.2 職場内教育での研修プログラム

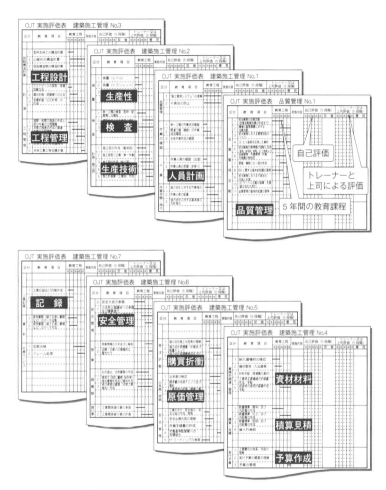

図 4.10 OJT 実施評価表(建築系技術者)の例

(2) 職場内教育の一環としての小集団改善活動

企業内のすべての部門において，全員参加を旨とする小集団改善活動が実践されることによってTQMによる品質経営が実現されると捉え，階層別分野別教育体系の一環に小集団改善活動を位置付けている．

改善テーマは，方針管理における挑戦的な課題達成，デザインレビューにおいて摘出された問題解決，VE（価値工学）やコストダウンのために解決を要する課題達成，手戻り・手直し・クレーム・不良などの再発防止，改善提案など，多様な観点から取り上げられる．これらのテーマは，問題や課題の特質にあった改善の手順を選択し，改善チーム（重要問題・重要課題について，その解決・達成のために作られた小集団）やQCサークルなどの小集団改善活動のもとで問題解決や課題達成が進められる．

企業における多様な改善テーマに対して実践されているいろいろな形態の改善活動の概

小集団改善活動による
維持向上・改善が革新を促しTQMを実現する

念を図4.11に示す．この図では，縦方向に方針管理，デザインレビュー，VEなどの改善テーマの対象となる分野を取り上げ，横方向に改善活動をPDCAに分けたとき各段階で何に着目し，使用ツールは何かという観点から整理している．

4.2 職場内教育での研修プログラム

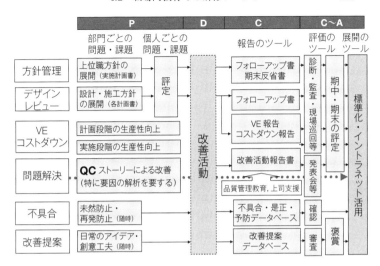

図 4.11 企業内で実践される多様な形態での改善活動の概念

一人ひとりが改善活動にどのようにかかわっているのかを透明化し，全員参加の改善活動が実現しているのかを確かめる仕組みの工夫がいる．例えば，図 4.12 のように，個人ごとの改善テーマへの参加状況をデータベースに登録し，原則として半年ごとや活動の節目に改善活動への取組み実態を確認する仕組みなどである．

改善活動では，形式的な改善手順の適用を極力避けることを念頭に，改善の効率化に役立つ問題解決型 QC ストーリー［図 4.13 (a)］の適用を推奨し，また改善テーマに適した場合は課題達成型 QC ストーリー［図 4.13(b)］や施策実行型 QC ストーリーなどの改善手順を活用するようにしている．問題解決型 QC ストーリーを適用したチーム改善活動の例を図 4.14 に示す．この改善活動をリードした 30 歳代の主担当者は，後々経営層として頭角を現した．

図 4.12　個人ごとの改善テーマの登録

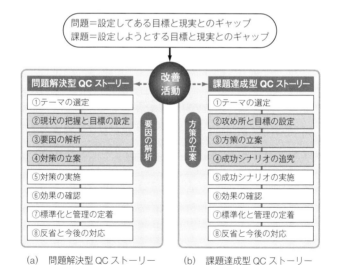

(a)　問題解決型 QC ストーリー　　(b)　課題達成型 QC ストーリー

図 4.13　問題解決の手順

4.2 職場内教育での研修プログラム

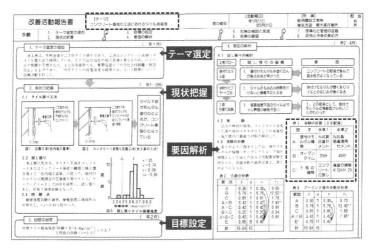

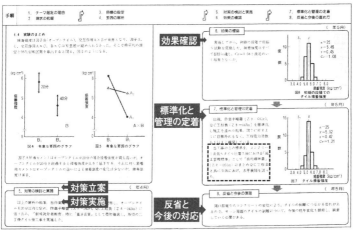

図 4.14 改善チームによる改善活動報告書の例
[出典 引用・参考文献 16), pp.166–169 をもとにして作成]

(3) 実践教育の場としての QC サークル活動

　第一線職場における管理・改善の実効を上げるうえで，QC サークル活動が大きな役割を担っている．QC サークル活動の大きな特徴は，QC 手法を活用した管理・改善，主に問題解決を継続して行っていることが挙げられる．さらに，問題解決を，一人の力量だけではなくチームの知恵と創意工夫を結集し，事実・データに基づく科学的な方法論を用いて，強い問題意識と改善意識のもとで自立的に管理・改善を行っている．重要なことは，管理・改善を繰り返し，継続的に行うことによって，第一線職場の人々の能力を常に変化に適合したものとする人材育成のための実践教育の場になっているということである．図 4.15 の左側に QC サークル活動の基本的な考え方を，同図の右側に実践教育の場としての QC サークル活動の特徴的な意義を示す．

　QC サークルにかかわる基本事項（例えば，QC サークルとは，QC サークルの運営の基本，QC 七つ道具などの QC サークルで活用する手法など）は，協力会社やグループ企業の対象者を含めて，社内の職場外教育で行えるが，QC サークルに対する研修プログラムの主体は職場内での実践教育が担っている．

　第 3 章では，経済産業省が提唱した社会人基礎力の三つの能力に含まれる 12 の能力要素について述べたが（図 3.6 参照），活性化している QC サークルを観察すると，管理・改善活動という実践教育を通してこれらの能力を自然体で育んでいる実態が浮かび上がってくる．

4.2 職場内教育での研修プログラム

```
QC サークルとは,
  第一線の職場で働く人々が
  継続的に製品・サービス・仕事などの
    質の管理・改善を行う
小グループである.

この小グループは,
  運営を自主的に行い
  QC の考え方・手法などを活用し
  創造性を発揮し
  自己啓発・相互啓発を図り
活動を進める.

この活動は,
  QC サークルメンバーの能力向上・
    自己実現
  明るく活力に満ちた生きがいのある
    職場作り
  お客様満足の向上及び社会への貢献
を目指す.

経営者・管理者は,
  この活動を企業の体質改善・発展に
    寄与させるために
  人材育成・職場活性化の重要な活動として位置付け
  自ら TQM などの全社的な活動を実践するとともに
  人間性を尊重し全員参加を目指した指導・支援を行う.
```

```
QC サークルは,QC 手法を活用して
職場の管理・改善(広義の問題解決)を
継続的に行う

■問題解決を…
(1)個人としてではなくチームとして
(2)科学的な方法論を用いて
(3)自主的に(問題意識,改善意識に基づき)行う
(4)繰り返し継続的に行うことで第一線職
   場でのスキルを常に変化に適合したも
   のとする仕組みである
```

図 4.15　QC サークル活動の特徴

(4) キャリアプランに沿った実践教育

個人ごとの教育計画に従って,初めて就業に就いたときから5か年の OJT 期間を経て,中堅社員へ成長し,管理職へ登用され活躍するまでのキャリアプランに沿った研修プログラムを整備することが望ましい.その一例として,技術者のキャリアプランと能力要件の例を図 4.16 に示す.このキャリアプランは,組織運営,品質管理・原価管理・工程管理・安全管理・環境保全などのキャリア開発

キャリア開発の想定期間

	階層	新入社員・新規就業者 1年次	一般従業員・担当職員 2年次～5年次	一般従業員～中級管理者 6年次～20年次	中級管理者～上級管理者 15年次～
組織運営	運営能力 折衝能力	□ 組織の概要を知る □ 基本的な工程管理ができる	□ 組織の運営に必要な業務を理解し，指導により実施できる □ 作業者に仕事の指示，指導できる	□ 指導のもとで部門を運営できる □ 協力会社と一通り折衝できる	□ 責任者として部下を指揮し，部門の運営ができる □ 顧客などに責任者として対応できる
日常管理	Q 品質管理	□ 品質管理の考え方，企業の価値観を理解できる □ QC的ものの見方・考え方を理解し，QC七つ道具を使える	□ 品質管理の意義を理解し，そのための計画・実施・確認・処置のサイクルを回せる □ 協力会社の品質管理を指導できる	□ 品質管理の管理項目を設定できる □ 不具合の未然防止を実施できる □ 部下に品質管理の意義を教え，日常業務を指導できる	□ 品質管理を完全に理解し，TQMにかかわる事項をリーダーシップをもって遂行できる
日常管理	C 原価管理	□ 設計図，生産計画などをもとに各工種に必要な数量を算定できる	□ 原価管理の基礎知識をもち，指導により実行予算を理解できる □ 担当工種の出来高を査定できる □ 指導により部分的な予算を作成できる	□ 実行予算に基づき原価管理できる □ 指導により実行予算を作成し，管理できる □ 指導により協力会社との取り決め，精算ができる	□ 見積・実行予算の作成と管理ができる □ 協力会社，資材会社と折衝ができる □ 顧客と原価を考慮した折衝ができる
日常管理	D 工程管理	□ 工程表の種類と工程計画の概要を理解できる □ 指導により歩掛データを収集できる	□ 工程表に基づき進捗状況を把握できる □ 週間・月間の工程表を作成できる □ 工種間の調整を行い，工程管理ができる	□ 全体工程計画を作成し，部下を指導できる □ 生産遅延の要因を分析し，解決策を立案できる □ LT短縮の検討・提案・実施できる	□ 品質・原価・安全を含めたトータル的な工程管理ができ，顧客などとの責任ある折衝ができる □ 他部門との調整ができる
日常管理	S 安全管理 E 環境保全	□ 安全重視と，有資格作業と資格者の役割を理解できる □ 指導により日常業務の安全管理を行え，5Sを実行できる	□ 労働安全衛生，環境保全など法規制を理解し,指導により安全・環境などの計画を立案できる □ 計画により日常業務を管理できる	□ 安全・環境などの計画を立案し，部下を指導できる □ 監督官庁への届けが確実にできる □ 計画により必要な社外対応できる	□ 責任者として，顧客・官公庁など利害関係者に適切に対応できる □ 部下・協力会社を統率・指導できる □ 安全教育訓練を計画し，実施できる
社会環境への対応		□ 行動規範を守れる □ パソコン，ITを活用できる	□ 情報化，海外適応の資質がある □ 的確に説明できる能力がある	□ 高い倫理観 □ 異分野の知識をもっている	□ 企業文化・知識・技術を伝承できる □ ISOなどによる内部監査を実施できる
研修プログラム	階層別	←→ 新入社員導入教育 ◎新入社員QC教育 ◎品質管理導入コース（社内） ←OJT（実践教育）→	◆5年次集合研修 ◎品質管理セミナー入門コース（社内）	◆10年次集合研修 ◎品質管理セミナーベーシックコース（社外）	◆新任部課長集合研修 ◎品質管理セミナーマネジメントコース（社内） ◎役員セミナー（社内）
研修プログラム	専門技術 社外資格	◆情報化教育 ★QC検定4級	◆トラブル再発防止・未然防止教育 ★一級管理技士　★QC検定2級	◆職種別技術教育　◆新購買・原価管理システム教育 ★QC検定1級　★技術士	★技術士（総合技術監理部門）
研修プログラム	ローテーション		←若手・中堅社員の能力開発→	←ゼネラリスト養成・スペシャリスト養成→	

キャリア開発の要素例

キャリアとして望まれる能力要件の例

研修プログラムの例

図 4.16 技術者の能力要件とキャリアプランの例

の各要素に対して，キャリア開発の想定期間を分け（例えば，就業1年目，2〜5年，6〜20年，15年以上など），各期間のキャリアとして望まれる能力要件を設定している．そして，実践教育を主体に，職場外の集合教育や社内外資格の取得支援などで補完し，人材の成長を促していくことを意図している．図 4.17(a) のキャリアプランに即した階層別の品質管理教育のねらいのもとで，図 4.17(b) に示す研修プログラムを実践教育として階層別に実施して人材育成を図っている．

一般従業員を対象にした実践教育では，職場での改善のプロセスと手法の実践と成果発表，QC サークルなどの小集団改善活動による地道でたゆまぬ管理・改善活動，協力会社に対する改善活動の指導，社外有識者の QC 指導講師による改善事例の指導などが特徴となっている．

また，企業経営の中核となる管理者を対象にした実践教育では，TQM のフレームワークを理解した経営層による診断，方針管理の実践，一般従業員が体験し成長していく修羅場作りと改善活動の指導，主管する部門別管理と機能別管理での組織的な仕組みの改善，社外有識者の QC 指導講師によるマネジメント指導会などを重視している．

さらに，経営層を対象にした実践教育としては，経営層による重要課題のベクトル合わせのためのグループディスカッション，TQM 推進の重要課題に対するステアリングコミッティ，改善発表会への参画とコミットメント，QC 指導講師による指導会などがある．

経営層対象
- TQM の基本の理解
- TQM 推進のリーダーシップへの動機づけ
- TQM の視点から経営課題の整理とベクトル合わせ

管理者対象
- TQM のコアマネジメントの理解(方針管理, 機能別管理など)
- 改善プロセス・技法の理解と指導力の向上
- チームビルディング, コーチングなどの進め方の習得
- TQM の運用技術の理解

一般従業員対象
- TQM と品質管理の全般的な理解
- 日常管理と標準化の進め方
- 管理・改善のプロセスの習得
- 管理・改善に必要な統計的手法などの技法の習得
- 実務での改善活動(問題解決の実践)

図 4.17(a)　キャリアプランに即した階層別の品質管理教育のねらい(概要)

経営層対象
- 経営層によるグループディスカッション
- TQM 推進の重要課題に対するステアリングコミッティ
- 改善発表会への参画とコミットメント
- QC 指導講師による指導会

管理者対象
- TQM のフレームワークを理解した経営層による診断
- 方針管理の実践
- 一般従業員が体験し成長していく修羅場作りと改善活動の指導
- 主管する部門別管理・機能別管理での組織的な仕組みの改善
- QC 指導講師によるマネジメント指導会

一般従業員対象
- 改善のプロセスと技法の職場での実践と成果発表
- QC サークルなど小集団改善活動による地道でたゆまぬ管理・改善活動
- 協力会社に対する改善活動の指導
- QC 指導講師による改善事例指導会

図 4.17(b)　実践教育として階層別に実施している研修プログラム(概要)

中途入社した人材にも図 4.16 と図 4.17(a)(b) の仕組みが適用される．固有技術に関しては能力要件の備わっているところを起点に，また管理技術に対しては TQM 実施に関する能力要件の備わっているところを起点に，キャリア開発が進められる．

4.3 斬新な人材育成のための研修プログラムの開発

企業が健全な発展を続けるうえで，人を育てる視点から大切なことは，教育の思想を表した階層別分野別教育体系と研修プログラムの確立である．その対象は，基礎的な能力を習得する職場外の集合教育，職場内の OJT，社内外の資格取得の支援などが含まれる．また，全員参加型の小集団改善活動（チーム改善活動，QC サークル活動など）は，変化への対応力を強化するための実践教育の場になっている．

> 新しい発想での研修プログラム
> ・経営層の現場訪問
> ・若者を育てる私塾

一方，一人ひとりの活力をより高めるためには，公式な人材育成の仕組みを充実するとともに，それを補完する形での非公式に近い人材育成の場をどのくらい併せもっているかが大きく影響する．

特徴ある事例として，経営層の現場訪問，創造性豊かな考えでブレークスルーができる人材を育てる私塾を取り上げて紹介する．これらの事例は，非公式に近い人材育成の機会という性格上，研修プログラムの随時改変，柔軟な実施時期，経営環境変化に即した弾力的な運営などが適宜行われ，形式化を排除している点が共通している．

(1) 経営層の現場訪問

　経営層が形式にとらわれず，第一線職場などの現場を職務の合間を縫って随時訪問して交流する機会を設けることは，非公式であっても極めて重要な人材育成の場になる．経営層の現場訪問は，経営層と第一線職場の人々が相互学習する機会として大いに役立つ．経営層は，五感を通して現場で起きている実態，課題，期待などを捉えて経営面の意思決定に活かすことができ，また第一線職場の人々は経営層の方針，考え方，人となりなどを直に知ることができる．

　経営層の現場訪問は，経営層と第一線職場の双方を近づけるとともに，両者に揺らぎを与え，様々な気付きを生むことで人材育成や組織改革を促す大きな刺激をもたらす場となり得る．

　経営者が，形式的な訪問形態（例えば，確定的な日時，事前準備，形式化した対応方法など）を避けながら少人数のスタッフを連れて第一線の現場を訪問し，管理・監督者や協力会社の作業者と交流し，気付きや揺らぎの場をもたらす実践教育を行っている事例を図 4.18 に示す．

(2) ブレークスルーできる人材を育てる私塾

　企業の人材育成の仕組みとして組織的に人材の能力開発や活性化を行う公式的な取組みは，一人ひとりがもたなければならない能力のあるべき姿を描いて力をつけさせていくことができる．一方，経営環境の変化が激しい時代を迎えて，いかに士気が高く，創造力が豊かな人材を育てるかについては，公式的な枠組みを超えたいろいろな人材育成の試みが大切になってくる．

4.3 斬新な人材育成のための研修プログラムの開発　113

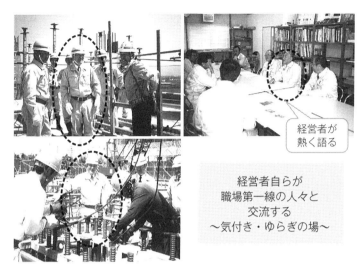

図 4.18 経営者と第一線職場の人々の相互学習

　その事例として，柔軟な考え方ができる若者を育てるために"私塾"を開設している例を紹介する．この事例は，経営者が行った技術提案が（この提案は，後々博士論文や特許申請に至るのだが），経験豊富な技術者の過去の固有技術による知識から実行に移せなかった苦い経験を発端にしている．このとき，経営者は"経営者の提案であっても，過去の枠組みからの判断で却下されるのだから，若者の良い発想でも活かされないこともきっと多い"という危機感を抱き，"私塾"の開設に思い至った．

　この"私塾"は，開講精神に「自由で常識にとらわれない発想を育て，それに耳を傾ける柔軟な思想にこそ，新たな技術の開発と若々しい会社風土が醸成される」ことを掲げ，基本的な思想を下学上達，

逆転の発想，ブレークスルーとした．企業価値を真摯に考えたうえで継承し，将来にわたり革新を持続できる創造力の豊かな人材に成長する糸口を提供することを開講のねらいにしている．経営者自らが塾長になり，荒削りの原石（人材）を磨くための気付きの場を提供し，責任感，志，決意，誠意，見識，リーダーシップ，知識，技術，問題意識，企業家精神など，広範囲な資質を高める場であるという視点を重視し，活動した．"私塾"の概念を図 4.19 に示す．

塾生は半年ごとに数名ずつ募集し，職場での業務をこなしながら隔月集合の合宿により約 2 年間同期生と一緒に学ぶことを原則にした．塾生の選考は，対象者全員への機会均等を旨とし，自らを磨く機会として公開する公募制にしている．また，塾生・卒塾生は，真に活躍した行動に対して，人事制度のもとで公平・公正に透明性

図 4.19　新機軸の発想で人材育成に挑んだ私塾の試み

4.3 斬新な人材育成のための研修プログラムの開発　115

をもって評価することにしている．卒塾生の幹部への成長は未知数であるが，志が高く初志を貫いた卒塾生は幹部として指名される機会が多くなることを想定している．卒塾生が真に活躍することにより結果として幹部の最短ラインであると実証し，一般従業員の士気高揚へ長期的に好結果をもたらすことを期待してのことである．

卒塾生の柔軟な発想により，図 4.20 に示すファンタジー営業部というバーチャル組織が創設された．この部は，若手有志で運営され，アニメ，マンガ，ゲームなどの仮想世界に存在する特徴ある建造物を現在の技術でどのように作るかを技術的な検討を加えて柔軟に発想し，真面目でありながら遊び心豊かにマジンガー Z の地下格納庫，銀河鉄道 999 のカタパルトなど，ユニークな技術提案を

図 4.20　塾生提案のバーチャル組織"ファンタジー営業部"
[出典　前田建設ファンタジー営業部，http://www.maeda.co.jp/fantasy/index.html をもとに作成]

行っている．

　しかし，いかに成功を収めた人材育成の仕組みとしての塾であっても，画一的な塾の運営形態の継続では形式化を逃れることはできない．塾の形態は常に見直され改変され，ブレークスルーを実現するための新規の非公式的な人材育成の仕組みへと深化し，新たなフェーズへ進展することになる．第一線職場の人々の柔軟な発想を活かしていく人材育成のための斬新な仕組みを，試行錯誤しながら確立していくことのできる企業風土が，高い顧客価値を実現し，企業の持続的発展に貢献できる人材の育成に大切と思われる．

第5章 人材育成の実現度の評価と改善

本章では，階層別分野別教育体系のもとで実行された研修プログラムによって，企業全体や部門の人材育成が進展し，一人ひとりに求められる能力がねらいのとおりに高まり，成果を上げているかを評価する糸口を解説する．そのうえで，人材育成の仕組みの強み・弱みを明らかにして改善し，人材育成の仕組みを深化するための方法を紹介する．PDCAのサイクルで捉えると，CheckとActの段階に相当する．人材育成の実現度の評価と改善の対象を図5.1に示す．

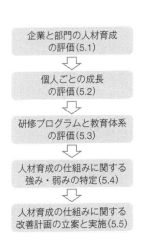
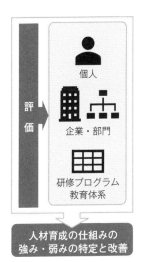

図 5.1　評価・改善の対象

5.1 企業と部門の人材育成の評価

(1) 評価の視点

　企業全体の人材育成を統括する責任者(人材育成委員会の委員長など)と各部門長は，企業全体と各部門が経営目標・戦略の実現に必要な組織能力と必要な人材を充足しているかを評価する．これを踏まえて，企業全体と各部門における人材育成に関する問題や課題を摘出し，改善点を特定できる．

　企業全体と部門における人材育成の計画の達成状況は，次のような共通的な視点から評価できる．

○人材育成のために計画した教育・訓練を，計画のとおりに実施できたか．これには，

- ・受講者の研修プログラムへの参加状況，研修プログラム期間中の受講状況が，計画のとおりで良好か，
- ・上司などによる研修プログラムの受講者に対する動機づけ，指導，支援などが，十分な考慮のもとで行われたか，
- ・高い顧客価値を創造するという観点から，経営目標・戦略の達成にかかわる教育計画の進捗が良好か，

などがある．

○教育・訓練を受けた人の理解度，応用力などの能力が，所期のねらいのとおりに向上したか．

○教育を受けた人が，教育によって習得した内容を実務に活かしているか．例えば，

- ・学んだ内容を実務で確実に活用できているか，

・問題解決や課題達成への効率的な取組みのために習得事項が貢献しているか,

などである.

○受講や参加させた研修プログラムが,妥当で,役立ったか.

○教育・訓練のために用意した経営資源が適当だったか.例えば,

・教育投資が過不足だった分野は何か,

・教育投資に無駄がなく,有効だったか,

などである.

○講師,教材,教育環境,施設などについて不足している点はなかったか.

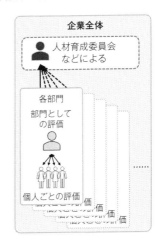

(2) 評価の進め方

評価は定期的に行い,その間隔は1年を超えないことを原則に,各部門における人材育成の評価を行ったうえで,それを集約して企業全体の評価にまとめる.

企業全体と各部門において,品質を中核に置いたTQM実施に必要な能力が備わったかを,次の事項を考慮して評価する.

○品質保証,方針管理,日常管理,小集団改善活動,新製品開発管理,プロセス保証などの品質管理の活動レベルが所期のねら

いのとおりに向上しているか．特に，企業全体・部門の期待に即したレベルに達しているか．
○ その結果として，企業全体・部門の目標・戦略が達成できているか．例えば，
  ・企業全体・部門が計画した目標・戦略の達成のための活動が実施できているか，
  ・それらに対して品質管理教育などの研修プログラムがどのくらい貢献しているか，
などである．
○ 有形効果，無形効果が大きいか．無形効果として，
  ・経営環境の変化に対応する能力が高まった，
  ・第一線職場のコミュニケーションが円滑になり風通しが良くなった，
  ・一般従業員の問題意識・意欲・士気が向上した，
  ・起業精神，経営理念など，企業文化の伝承が進んだ，
  ・自立的に問題を発見し，改善していく気風が高まった，
  ・個人の自己実現の場が拡大した，
などに成果があったか．

5.2 個人ごとの成長の評価

(1) 個人ごとの成長評価での考慮事項

個人ごとに対して，獲得すべき能力の目標を達成するための計画が実施されて（実施状況），目標が達成されたか（実施結果）を，

次の事項を考慮して評価し，改善点を特定する．

- 計画した研修プログラムをスケジュールのとおりに受講できたか．
- 受講した研修プログラムによって，能力向上の目標が達成できたか．
- 研修プログラムで学習したことを活かして，問題解決や課題達成への取組みを行えたか，その結果として成果を上げたか．
- 目標とした社内・社外の資格を取得できたか．
- キャリアプランに沿うための能力を獲得できたか．
- 企業における中長期の経営目標・戦略の実現に必要な能力が計画のとおりに獲得できたか．

(2) 個人ごとの成長評価の進め方

　個人ごとの能力評価は，上司を責任者に，一人ひとりが自己評価したうえで，上司，アドバイザーや他者の評価を加えて，上司との面談を経て確定するようにする．

　個人ごとの評価は，定期的には半年または少なくとも年度を超えないようにし，不定期には研修プログラムの受講前後などに評価を行う．評価結果は，部門における個人ごとの必要能力と実現能力［図2.3(a)(b)］の見直しに反映される．この評価結果をもとに各部門は自部門の能力を把握する［図2.3(c)］．さらに，各部門の能力を企業全体の人材育成を統括する責任者に集約し，企業全体の能力の総合的な評価を行うことになる．

　能力評価結果をもとに，個人ごとの教育計画（能力の目標と達成

計画）を見直し，新たな教育計画として改訂する［図 2.4(a)(b)］．

人事考課に評価結果を反映する場合は，人事考課と評価結果とのかかわりについての基本的な考え方を明示し，能力に応じた昇進や昇格などにどのような形で反映するのか，能力とキャリアプランに見合った適材適所の配置やローテーションをどのように行うのかなど，人事考課に評価結果を反映するための仕組みを確立しておく．また，人事考課と研修プログラムとの連携は，昇進や昇格の必要要件の一つとしての教育を実施する場合と，管理者などへ昇進や昇格後に必要な能力を身につけるための教育を実施する場合などがあり，効率的な人材育成を勘案した組合せを考慮する．

5.3　研修プログラムと教育体系の評価

人材育成の仕組みを確立する任に当たる，人材育成委員会の委員長などの人材育成を統括する責任者は，研修プログラムと階層別分野別教育体系の実施状況とその成果を，年度を原則に定期的に評価する．

(1) 研修プログラムの評価

研修プログラムを企画・計画し，実施する主管部門は，研修の実

施状況とその成果を評価するための方法をあらかじめ決め，次の事項を参考情報として活用して集合研修と実践教育などの研修プログラムを評価する．

① **集合研修の研修プログラム**
  ・受講者に対するアンケートの調査結果
  ・受講直後の理解度テストなどによる能力達成度の評価
  ・講師から見た受講者の理解度の様子，講義環境の適切さ
  ・上司による，受講者が学習した事項の職場での実践度合いの評価

② **実践教育の研修プログラム**
  ・実践教育の研修修了者の，研修内容の実務での活用状況と研修のねらいに対する成果
  ・上司による，実践教育参加者の評価
  ・実践教育の日程，実践教育を指導する講師の指導内容
  ・実践教育を補佐したアドバイザーなどの指導・支援に対する実践教育参加者の意見

研修プログラムを評価する方法の例を図 5.2 に示す．また，研修プログラムを評価した結果，摘出された課題の例を図 5.3 に示す．

研修プログラムの改変・新設は，教育科目の確定，それに伴う講師の選定，教材・資機材・会場など教育環境の整備，関係部門との調整，受講者派遣の予算措置など，半年から 1 年の準備期間を要することが多い．そのため，経営資源の早期手配が計画的に行えるように，中長期人材育成計画（表 2.2 参照）と密接に連動した取組みに留意するようにする．

●**集合研修**●

□ 受講生アンケート
□ 受講直後の理解度テスト
□ 講師による,受講生の理解度,講義環境
□ 上司による職場での活躍状況評価

●**実践教育**●

□ 研修修了者の業務での実践状況,研修効果
□ 実践教育参加者の上司の評価
□ 実践教育の開催日程,教育を指導する講師の指導内容
□ 教育補佐のアドバイザーなどの指導・支援に対する参加者の意見

図 5.2 研修プログラムを評価する方法の例

		午　前	午後前半	午後後半
前期	第1日目	品質管理序論	データのまとめ方	ヒストグラム演習
	第2日目	分析の話①	分析の話②	検定・推定の話①
	第3日目	管理図の話①	管理図演習	管理図の話②
	第4日目	検定・推定の話②	検定・推定演習	検定・推定③
後期	第1日目	二項確率紙の話	相関・回帰の話	宿題解説
	第2日目	分散分析の話①	一元配置演習	分散分析の話②
	第3日目	工程の改善①	工程の改善②	二項確率紙演習
	第4日目	検査の話	工程の管理	QCの進め方

研修プログラムの評価から摘出された課題

○ 日々の科目の理解度が確認できず,学習効果を確認できない.
○ 社内講師の能力を維持する機会を作る必要がある.
○ 社外講師の専門性を活かし,QC七つ道具は社内研修する.
○ 検定・推定の理解度が低い.
○ 業務で必要な手法の科目を入れる.
　例えば,二元配置実験,実験計画法,QFDなど.
○ 業務で使用する機会がまれな手法がある(二項確率紙など).
○ 業務面で方針管理の理解度を高める必要がある.

図 5.3 研修プログラムの評価によって摘出された課題の例

(2) 教育体系の評価

① 研修プログラムの評価結果の反映

教育体系の評価では，経営目標・戦略の実現のために不可欠な顧客価値の創造ができる人材の育成が，中長期人材育成計画に則って進んでいるかの評価が最も重要となる．そのため，研修プログラムごとの評価結果をきめ細かく捉え，次の事項の考慮のもとで階層別分野別教育体系を評価することになる．

- 研修プログラムが所期の計画のとおりに確実に実施できたか．
- 研修プログラムの実施に当たって困難だった点は何か．経営資源（例えば，講師，教材，資機材，会場，教育・訓練予算など）の充当が適時・適切だったか．
- 育成をねらっている人材を研修対象者として絞り込めたか．また，研修対象部門は適切だったか．
- 教育計画のねらいのとおりに，一人ひとりの能力を育成できたか．また，部門の能力が計画のとおりの水準に達したか．

② 教育体系の総合的評価の視点

教育体系の評価は，次のような視点から総合的に評価することが重要になる．

- 中長期人材育成計画を推進するうえで階層または分野に欠落している部分がある，問題解決や課題達成ができる能力がねらいのとおりに進捗していないなど，教育体系全体に共通する偏った傾向がないか．
- 研修プログラムを比較したときに，研修対象，研修期間，研

修事項などで研修プログラム間に異常なばらつきや違いがないか.
- 階層や分野で層別したときに，研修プログラムが一般従業員に偏重して経営層には希薄であったり，集合教育やある固有技術教育の分野に偏っていたり，ある部門に偏っていたりなど，層間で差がないか.

③ 短期・中期・長期的な観点による個人ごとの成長評価

個人ごとの能力が，ねらいのとおりに育成できたかの評価は，短期・中期・長期など時間の経過によっても異なるため，次の事項の考慮を要する．

短期：

　研修事項が理解できたか，習得できたか．

　研修事項を実務で活用しようとしたか，または活用できたか．

中期：

　研修事項を一過性でなく，継続して活用できているか．

　その結果，効果を上げているか．

長期：

　研修事項が定着しているか．

　研修事項を活かして部下の育成に活用できているか．

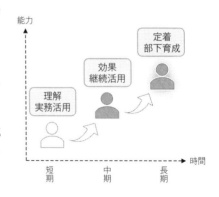

5.4 人材育成の仕組みに関する強み・弱みの特定

(1) 仕組みの強み・弱みの調査・分析の対象

人材育成の仕組みを確立する任に当たる，人材育成委員会の委員長などの人材育成を統括する責任者は，個人ごとの評価をもとにした部門の人材育成の評価を集約する．

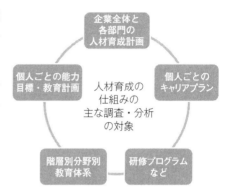

そのうえで，企業全体の人材育成の評価結果に基づいて，人材育成の仕組みの強み・弱みを明らかにし，計画を立案して仕組みの改善に取り組む．中長期的な視点が求められる仕組みの改善は，経営目標・戦略や人材育成計画を十分に考慮し，次の事項を参考に対象を絞り込み，その強み・弱みを特定したうえで改善に臨む．

- ・企業全体と各部門の人材育成計画（表 2.2 などを参照）
- ・個人ごとの能力目標・教育計画（図 2.3，図 2.4 などを参照）
- ・階層別分野別教育体系（図 3.1 などを参照）
- ・研修プログラムなど
- ・個人ごとのキャリアプラン（図 4.16 などを参照）

階層別分野別教育体系の総合評価で摘出された課題のイメージを図 5.4 に示す．過去の階層別分野別教育体系では，破線枠の網掛け部分の研修プログラムが整備されていなかった．その結果，経営層

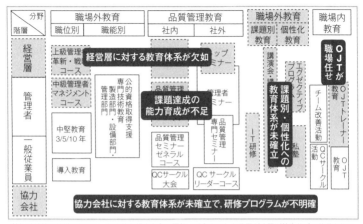

注）破線枠の網掛け部分は，総合的な視点からの評価で明らかにした階層別分野別教育体系で整備されていなかった研修プログラム．

図 5.4 階層別分野別教育体系の総合評価で摘出された課題の例

にかかわる階層別教育体系が欠如していた，品質管理教育として課題達成の能力育成が不足していた，課題別・個性化に関する分野別教育体系が確立していなかった，職場内教育で必要な OJT トレーナーを教育する仕組みがなかった，OJT の研修プログラムがなく教育・訓練の内容が職場間で大きくばらついていた，教育体系で協力会社に対する研修プログラムが明確でなかった，など様々な課題が挙げられた．これらの課題に対して，教育体系など人材を育成する仕組みを即座には充実することは難しいが，計画的に順次対処して改めていくことによって，図 3.1 に例示したような階層別分野別教育体系に深化することができる．

(2) 仕組みの弱みを特定する視点

強み・弱みの特定では，経営目標・戦略，企業全体と部門としての能力，個人ごとの能力，階層別分野別教育体系，研修プログラムなど，人材育成にかかわる様々な要素間の因果関係の体系的な理解が必要になる．JSQC-Std 41-001:2017（品質管理教育の指針）[7]では，次の事項を推奨しているので参考にしてほしい．

まず，人材育成にかかわる要素を目的と手段の関係により表5.1(a)のような形で整理する．この表では，例えば，経営目標・戦略の実現を目的にするならば，組織・部門としての能力を高めることが手段の一つとなる．さらに，組織・部門としての能力を高めることを目的にするならば，個人としての能力を高めることや，階層別

表 5.1(a) 人材育成にかかわる要素の"目的"と"手段"との関係の例

目的の例	手段の例
経営目標・戦略の実現	← 組織・部門としての能力
組織・部門としての能力	← 個人ごとの能力
	← 階層別分野別教育体系
個人ごとの能力	← 研修プログラム

［出典 JSQC-Std 41-001:2017, p.30をもとに作成］

表 5.1(b) 目的と手段に関する達成・未達成の四つのタイプ

	目 的	手 段
タイプ A	○（達成）	○（実施）
タイプ B	○（達成）	×（未実施）
タイプ C	×（未達成）	○（実施）
タイプ D	×（未達成）	×（未実施）

［出典 JSQC-Std 41-001:2017, p.30 表 8 より転載］

分野別教育体系を確立することなどが手段となる．このように人材育成にかかわる諸要素について，目的と手段の連鎖関係を考察する．

これに基づいて，着目している目的と手段の要素に関する達成・未達成の状況を，表5.1(b)のような形で四つのタイプ（タイプA～タイプD）に分類し，いずれに該当するかを調べることで強み・弱みを明らかにできる．例えば，経営目標・戦略の実現を目的にして，そのための手段として組織・部門の能力向上を手段にとったときに，タイプAであれば，目的とした経営目標・戦略が実現し，そのための手段とした組織・部門の能力向上も行ったことを意味する．タイプBは，目的とした経営目標・戦略は実現したが，そのための手段とした組織・部門の能力向上は行えなかったことを意味する．タイプCは，目的とした経営目標・戦略が実現できなかったにもかかわらず，そのための手段とした組織・部門の能力向上は行ったことを意味する．タイプDは，目的とした経営目標・戦略が実現できなかったし，そのための手段とした組織・部門の能力向上も行えなかったことを意味する．表5.2にタイプA～タイプDに応じた原因追究の仕方を示しておくので参考にしてほしい．

表 5.2 四つのタイプに応じた原因追究

タイプ	原因追究
タイプA	成功要因を分析するのがよい．実施した手段のうち，目的の達成に大きく寄与したものは何か，手段が計画どおり実施できたポイントは何かを明らかにする．
タイプB	実施した手段以外の要因で目的が達成できたのであるから，結果よければすべてよしとはせずに，計画策定時点で考慮し損なった要因とその目的への寄与の度合いを把握し，なぜ計画策定時点で考慮し損なったのかを追究する．例えば，考慮し損なった要因としては，経営環境の変化のような外的要因や以前に実施した手段の残存効果などが考えられる．また，なぜ手段を計画どおり実施できなかったのか，またはしなかったかの要因を追究する．
タイプC	手段は計画どおり実施したのであるから，手段の内容が不適当であったのか，寄与の度合いが予想より小さかったのかなどを明らかにする．未達成の理由を外的要因や他部門の責任に帰することは避け，自責要因の部分に着目することを基本とする．
タイプD	計画どおり実施できなかった，またはしなかった原因を追究する．

［出典 JSQC-Std 41-001:2017, pp.30–31 をもとに作成］

5.5 人材育成の仕組みに関する改善計画の立案と実施

人材育成の仕組みの改善は，既存の研修プログラムの改変・新設・廃止などを広い視野から考える必要がある．人材育成の仕組みの改善の進め方を図 5.5 に示す．人材育成の仕組みに関する改善計画の立案と実施では，次の事項を参考にして進めることができる．

・人材育成を統括する責任者（人材育成委員会の委員長など）

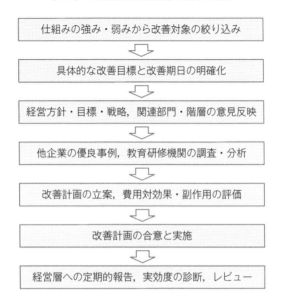

図 5.5 人材育成の仕組みの改善

　は，摘出された人材育成の仕組みの強み・弱みから改善する対象を絞り込み，具体的な改善目標と改善期日を明確にする．
・改善計画の立案での考慮事項は，経営層の方針や企業の経営目標・戦略，関連する部門・階層の意見，他企業の優良事例，外部の教育機関の情報などをもとに，費用対効果，副作用の評価などを行って改善計画を立案する．
・人材の育成には時間がかかるので，短期はもとより中長期的な影響を考慮したうえで，立案した改善計画を経営層並びに関係部門と合意形成ができた段階で実施に移行する．
・人材育成の仕組みの改変・新設・廃止は，既存の仕組みから

の移行が円滑に進むように計画を十分にレビューし，移行の節目となるマイルストーンを設定し，関係者との協力体制を確立しておく．

- 人材育成の仕組みを構築するうえで，その進捗を定期的に評価し，実現度合い，定着度合いなどを確認し，必要な処置を取る．
- 人材育成の仕組みの構築の進み具合は，経営層へ定期的に報告し，実効度合いの診断・レビューを定期的に受ける．

人材育成の仕組みの改善によるアウトプットは，第3章で詳述した人材育成の仕組みへのインプットとして活かすことになる．

人材育成の仕組みの改善について，研修プログラムを見直して新たな科目に改めた例を図5.6に示す．また，人材育成の管理のサイクルを毎年見直し，人材育成方針・重点項目の明確化（n年度），OJTの強化（n+1年度），公的資格取得と職能教育の強化（n+2年度），品質管理教育の拡大と内容の質的向上（n+3年度），業務評定方法の改善と研修プログラムの評価方法の改訂（n+4年度）というように，年度を追うごとに人材育成の仕組みを改めていった例を図5.7に示す（図5.7の詳細は6.2参照）．

第5章 人材育成の実現度の評価と改善

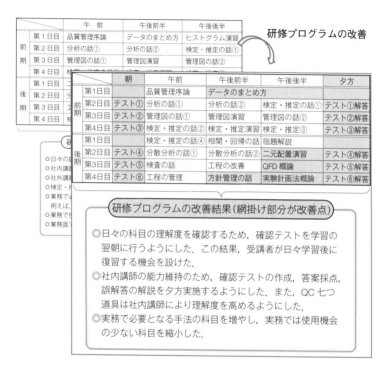

図 5.6 研修プログラムを見直した例

5.5 人材育成の仕組みに関する改善計画の立案と実施　135

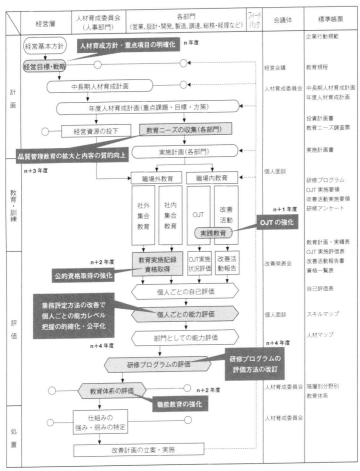

図 5.7　人材育成の管理のサイクルを毎年見直して改めていった仕組みの例

第6章 人材を育成するための運営管理

　本章では，人材育成を組織的に推進していくために，経営層がどのような働きをなし得るのかを最初に考察する．そのうえで，年間などのある一定期間のサイクルにおいて，人材育成にかかわる諸活動をどのように運営管理するのか，また個人ごとの能力を評価して段階的に育成していく定期的なサイクルの仕組みはどのようなものなのかについて，ある企業の事例を織り交ぜて詳述する．

6.1　人材育成活動の成否を握る経営層

(1) 第一線職場などに対する継続的な人材育成投資

　階層別分野別教育体系に基づいた人材育成において，最も大きな影響を及ぼすのは，人材育成のために必要な諸活動への投資を采配可能な経営層であることは間違いない．

　企業の持続的発展のためには人材育成への継続的な投資を怠ってはならないという確固たる企業文化を経営層が継承していなければ，教育投資が削減対象になり得る．その結果，どこかでひずみが蓄積し，いずれかの問題となって現れる．近年になって顕著な様相を呈する記録の改ざん，無資格者による業務遂行などの品質不祥事は，第一線職場の人材育成がなおざりになってきたひずみが表出し

た感が否めない．この背景には，経営層の目が第一線職場から遠ざかり，その実情を認識しにくくなっている実態があるように思われる．

　経営層が第一線職場における現場診断などで，管理者や一般従業員の実態を目で確認し，話を聞き，顧客価値を提供する人材を育成していくうえで何が必須かを認識できなければならない．第一線職場で起きている真実を経営層が自覚する場作りが重要性を増している．

(2) 中長期的な人材育成方針の確立

　起業の精神，社是，社訓などで人材育成への志を標榜している企業も多く，これを実現するには企業の経営目標・戦略において人材をどのように育成していくかの方針を，いかなる厳しい経営環境下においても明確にして堅持することが欠かせない．そのため，経営数値が悪化したときに，教育費が経費削減の対象になりにくい施策をあらかじめ講じておくことが望しい．例えば，起業の精神，社是，社訓を起点に機能を展開し，企業としてのあるべき姿の基礎に人材育成を位置付け，中長期の経営目標・戦略上に人材育成の施策を組み込んでおくことなどである．経営目標・戦略は，経営環境の変化に合わせて変えざるを得ないが，人材育成から軸足を外さないという企業方針を要石（かなめいし）として経営目標・戦略に内包しておく．

　中長期的な観点から経営目標・戦略を策定する任は経営層が大きな責務を負っていることから，揺るぎない人材育成の方針確立にかかわる自立的経営層としての強靭な意志が今強く求められている．

(3) 人材育成のための組織化

 経営層は人材育成の推進面で果たす役割も大きい．部門最適に陥らず全体最適な人材育成を推進するためには，部門横断的に横櫛を刺した関係者が連携して活動する人材育成委員会のような，何らかの仕組みが必要になる．この仕組みは，企業全体の人材育成の方針・推進計画の策定，人材育成投資の枠組みの確定，これらの進捗評価などを行う機能を担うため，経営層が統括しないと所期の目的を達成することが難しい．

6.2 人材育成を組織的に推進する仕組み

(1) 人材育成の管理のサイクルを回す仕組み

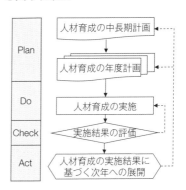

 人材育成にかかわる計画の立案，各種の研修プログラムの実施，これらの実施状況と実施結果の確認，研修プログラムや教育体系の見直しなど，人材育成のための諸活動を組織的に推進するためには，年間などのある一定の期間に，人材育成に関する管理のサイクルを回すことが必要になる．そのため，管理のサイクルを回すことができる透明な仕組みを確立し，図6.1のような形に表して企業の構成員全員が認知できるようにすることが望ましい．図6.1は，縦軸に人材育成に関する計画立案，教育・訓練の実

140　　　　　　第6章　人材を育成するための運営管理

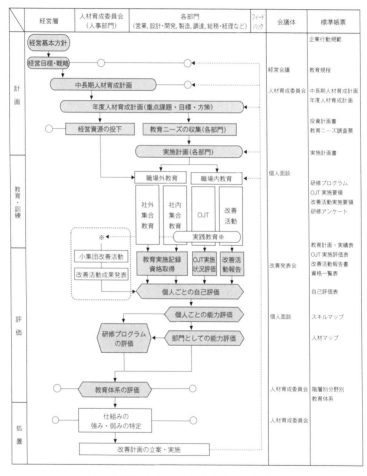

図 6.1　人材育成の管理のサイクルを回す仕組み

施,評価,処置のステップを配置し,横軸に企業内の経営層を含む関連部門,会議体,標準・帳票などを配置した枠組みを作成し,縦と横の該当するところに人材育成にかかわる実施事項を記述することでまとめることができる.

(2) 仕組みを運営管理するうえでの留意点

人材育成に関する透明な仕組みを構築して運営管理し,人材育成が計画のとおりに進んで目的を達成しているか,その効率は良いかについて,1年を超えない期間で定期的に評価して問題点を改善していく.このことによって,計画的かつ組織的な人材育成を促進することが可能になる.仕組みを運営管理するうえで次の事項に留意する.

- 経営層が主体的に人材育成の計画策定と,適時・適切な経営資源の充当にリーダーシップを発揮する.
- 人材育成に関する管理のサイクル(図6.1)が効率的に回っているかについて,部門横断的な組織(例えば,人材育成委員会など)が定期的に評価したうえで改善を主導できる体制を確立する.
- 経営層は,仕組みのとおりに運営され,経営目標・戦略を実現できる人材が育成されているかについて,第一線職場における現場診断や現場訪問などで定期的に確認する.

図6.1の人材育成に関する管理のサイクルを見直し改めていった充実事項の例は,図5.7を参照してほしい.

6.3 個人ごとの人材育成サイクルの確立

(1) 個人ごとに成長サイクルを回す仕組み

日々の業務遂行に携わる一人ひとりが，キャリアプランに沿って段階的かつ継続的に能力を向上して良い仕事ができる力量を備えることが顧客や社会のニーズや期待を満たす製品・サービスを提供するための前提になり，この実現を促すことが一人ひとりの自己実現や企業への帰属意識を高めるうえで少なからぬ影響を及ぼしている．そのため，年間などのある一定の期間をサイクルとして，一人ひとりの能力を段階的に高めていく仕組みを確立することが望まれる．

図 6.2 は，年間を 1 サイクルとして個人ごとに成長を促している例である．この事例では，個人による自己評価を行い，上司と一体となって能力の開発分野を決めたうえで教育計画を立て，階層別分野別教育体系のもとでの研修プログラムの受講，また実践教育としての改善活動を行っている．その実施状況と実施結果の評価を翌年の人材育成計画にフィードバックするサイクルを回すことで，個人ごとの成長を図っていく仕組みとなっている．

(2) 個人ごとの能力向上のプロセス

図 6.2 の自己評価は，図 6.1 の評価段階（個人ごとの自己評価と能力評価）において，一般従業員から管理者までの一人ひとりが，経営目標・戦略の実現に必要な職位・職能に応じた能力が備わっているかを評価し，能力を高めるうえでの課題を上司と面談して確定

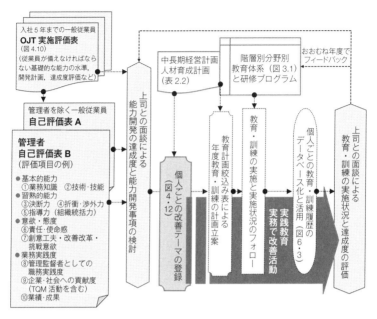

図 6.2 個人ごとに能力を高めていくためのサイクル
[出典 引用・参考文献 9),p.128,図 3.22 をもとに作成]

するための仕組みである．評価は，入社後5年目までの一般従業員は OJT 実施評価表を用いて，また管理者と一般従業員（管理者を除く）とに層別した自己評価表を用いて行っている．

　管理者が能力を自己評価するための主な評価項目の例を表 6.1 に示す．管理者であっても業績評価だけにとどめず，多面的な企業の事業活動への貢献を評価項目に選定することに留意している．例えば，表 6.1 の業務実践度の評価には，企業・社会への貢献度として TQM 活動も対象になっている．

表 6.1 管理者が能力を自己評価するための主な項目例

基本的能力	業務知識（例えば，担当業務に必要な系統的業務知識及び専門知識とその実践能力）
	技術・技能（例えば，担当業務・関連業務の遂行に必要な技術・技能の深さ並びに広さ）
習熟的能力	決断力（例えば，組織，仕事の状況や状態を的確に把握し，高い視野から迅速で適切な意思決定ができる）
	折衝力・渉外力
	指導力（組織統括力）
意欲・態度	責任・使命感
	創意工夫・改善改革・挑戦意欲
業務実践度	管理監督者としての職務実践度
	企業・社会への貢献度（TQM 活動を含む）
	業績・成果

図 6.2 に示した，個人ごとの能力開発は，主に，階層別分野別教育体系に基づいた研修プログラムを受講することと，改善活動を実務で実施する実践教育の両面から進められる．

実践教育として取り上げた改善活動のテーマは個人ごとのデータベースに登録される（図 4.12 参照）．テーマの対象は，方針管理，日常管理，自己啓発などの面から選定できる．複数メンバーで同一テーマに取り組む場合は，全員が同一テーマを登録してよいが，誰が主担当者かを明示している．この改善活動は，全員参加の改善活動を促し，問題解決力を高める人材育成の重要な仕組みに位置付けられる．

上司や改善支援者の助言・アドバイス・支援を受けながら，能力向上の実施状況(計画のとおりに教育・訓練が進捗しているか)と，

6.3 個人ごとの人材育成サイクルの確立   145

実施結果（計画のとおりの能力向上が図られているか）の評価を，半期や研修プログラム前後などで定期的に行う．研修プログラムの受講状況，社内・社外の資格の取得状況は，個人ごとのデータベースに蓄積され（図6.3），次サイクルの一人ひとりの教育計画［図2.4(a)(b)など参照］に反映されるとともに，キャリアプラン（図4.16参照）と整合する，能力にあった配置や考課の参考情報として用いられる．

経営層の人材育成への主体的で明確な意思のもとで，人材育成の

図 6.3 ITを利用した個人ごとの研修プログラム受講状況，保有資格・社内資格の例

仕組みを確立して真摯に運営管理することが，事業にかかわる一人ひとりの成長，部門の使命・役割の達成，TQM の要諦となる顧客価値を創造できる組織能力の獲得に向けての正攻法の道筋となる．企業の存在価値を高め得る人材を重視する明瞭な方針に裏づけられた人材育成計画を策定し，部門と個人の能力開発に力を尽くすとともに，人を育てる仕組みを絶えず深化する循環を繰り返すことが，企業の持続的発展を導く．

あ と が き

執筆依頼は，JSQC-Std 41-001:2017（品質管理教育の指針）が発行された時期と重なった．規格開発に携わった約1年の間，原案作成委員との真剣な意見交換で会得したことは，筆者の会社で紆余曲折を経験しながら試行錯誤を繰り返してきた人材育成への取組みが誤っていなかったという安堵感を伴った確信であった．

筆者の会社は，個人有の知識と経験に大きく依存した業務遂行の結果，各地で再発する品質問題に危機感を抱き，TQC（現 TQM）を導入した．当時は，人材育成の仕組みが確立されておらず，教育内容や計画性に本支店の部門間で大きなばらつきがあった．その後，デミング賞実施賞（現デミング賞），日本品質管理賞（現デミング賞大賞）に挑戦する過程で，10年以上の月日を費やし人材育成の基本となる仕組みを整えてきた．この仕組みが，JSQC 規格"品質管理教育の指針"との整合性が高かった．

JSQC 規格"品質管理教育の指針"の発行と期せずして重なった執筆依頼に，筆者の会社で人材育成に取り組んできた実際を披露することが，反面教師という意味も含めて，企業における人材育成の仕組みの効率的な確立に役立てられるのではないかと考えた．

"JSQC 規格"は，規格という性質上，固定観念で画一化しないように具体的な推奨事例を慎重に避けている．一方，本書では，TQM を経営のツールとして活用できるように事例を多く載せ，その構成は"はじめに"に記載したとおり，JSQC 規格"品質管理教

育の指針"の構成と可能な限り沿うように留意した．この規格と企業での実践例が相互補完することによって，有効性を増すことを企図したためである．

　本書の事例は，多くの組織でも当てはまるように一般化することに努めたが，一般化によって抽象度が増してしまう事例は手を加えずに紹介してある．事例を適用する場合は，事例の意図を汲み取って自組織に合った形に読みかえてほしい．

　TQMにより企業が持続的発展をし，長期的な成功を収めるための人材の育成では，固有技術と管理技術など多様な研修プログラムが必要になるが，JSQC規格"品質管理教育の指針"では品質管理教育に焦点を当て，固有技術に関して深くは記述していない．本書は，固有技術の教育の重要性を意識して人材育成の全領域を捉えて記述するようにしたが，品質管理教育に比べて固有技術の具体的な研修プログラムには多くは触れていない．階層別分野別教育体系において自組織に即した固有技術の研修プログラムを明確にすることに十分に留意してほしい．

　本書は，筆者の会社において長年にわたり，人材育成を統括する責任者をはじめ，第一線職場で人材育成の仕組みの確立に地道な努力を重ね，持続的発展を支えてきた人々の多くの知見に基づいている．人材育成を志している組織と人々に本書が役立つことを心から願う次第である．

　白梅の蕾ふくらむ春の兆しの中で

筆　　者

引用・参考文献

1) TDB REPORT Vol.92 特集　伸びる老舗，変わる老舗，p.6，帝国データバンク
2) 渋沢健(2010)：渋沢栄一　100の訓言，p.196，日本経済新聞出版社(原典：『渋沢栄一訓言集』・道徳と功利)
3) 渋沢健(2016)：渋沢栄一　100の金言，p.188，日本経済新聞出版社(原典：『渋沢栄一訓言集』・実業と経済)
4) P.F.ドラッカー著，上田惇生訳(1999)：明日を支配するもの，p.193，ダイヤモンド社
5) 日本品質管理学会規格 JSQC-Std 00-001:2018（品質管理用語），日本品質管理学会
6) 日本品質管理学会規格 JSQC-Std 32-001:2013（日常管理の指針），日本品質管理学会
7) 日本品質管理学会規格 JSQC-Std 41-001:2017（品質管理教育の指針），日本品質管理学会
8) 日本品質管理学会編(2009)：新版品質保証ガイドブック，日科技連出版社
9) 中條武志・山田秀編著，日本品質管理学会標準委員会編(2006)：TQMの基本，日科技連出版社
10) TQM委員会編著(1998)：TQM 21世紀の総合「質」経営，日科技連出版社
11) 細谷克也編著，他(2002)：品質経営システム構築の実践集—エクセレンス経営モデルのノウハウを公開，日科技連出版社
12) JOQI第6部会(クオリティ専門家づくり)報告書(2004)：ものづくり再生のためのクオリティ専門家養成に関する提言，日本ものづくり・人づくり質革新機構
13) 日本品質管理学会規格 JSQC-Std 31-001:2015（小集団改善活動の指針），日本品質管理学会
14) QCサークル本部編(1997)：QCサークル活動運営の基本，日本科学技術連盟
15) 細谷克也(1984)：QC的ものの見方・考え方，日科技連出版社
16) 細谷克也(1989)：QC的問題解決法，日科技連出版社

索　引

あ　行

後(次)工程はお客様　84
維持向上　15
SDCA　21
OJT　43, 97
　　――実施評価表　98
　　――実施要領　98
　　――の実施要領　62

か　行

改善　15
　　――事例発表会　80
　　――チーム　102
　　――テーマ　102
階層別分野別教育体系　26, 53, 54
革新　16
課題達成型 QC ストーリー　103
管理技術　41, 59
キャリアプラン　43, 49, 107
QC（品質管理）関連手法　85
QC 検定　89
QC サークル活動　22, 67, 106
QC 的ものの見方・考え方　82, 84
業務機能展開　40
協力会社に対する研修プログラム　96

経営資源　35, 36
研修プログラム　53
現場診断　76, 138
現場訪問　76, 112
顧客価値　12
個人ごとの人材育成サイクル　142
個性化教育　55
固有技術　41, 59

さ　行

再発防止　84
自己評価　142
私塾　113
実現能力　45, 51
実践教育　25, 90, 106, 109
渋沢栄一　9
社外教育　64
社会人基礎力　70
社内教育　63
修羅場　65
小集団改善活動　18, 22, 66
職場外教育　55, 63, 81
職場内教育　55, 63
人材　12
　　――育成委員会　36, 56, 122, 139
　　――育成の管理のサイクル　51, 133, 139

人才　12
人財　12
人事考課　122
新入社員QC教育　82
組織能力　23, 25, 58

た　行

チーム改善活動　22, 67
知見を次の仕事に活かす　60
中長期人材育成計画　47
長寿企業　9, 11
TQM　14
　——に関する能力と水準　29
できばえの品質　18
デミング賞・デミング賞大賞　30
ドラッカー, P.F.　10

な　行

日常管理　18, 21
日本ものづくり・人づくり質革新機構　65
ねらいの品質　18

は　行

PDCA　84

非公式に近い人材育成　111
必要能力　44, 51
標準を起点にした改善　73
品質管理教育　18, 25
品質管理シンポジウム　95
品質管理セミナー入門コース　86
品質管理セミナーマネジメントコース　91
品質管理導入コース　83
品質賞への挑戦　95
品質保証　18
　——体系図　18, 72
VE　102
プロセス管理　84
分掌業務　20
方針　21
　——管理　18, 21

ま　行

問題解決型QCストーリー　103

や　行

役員グループディスカッション　76
役員セミナー　76, 93

JSQC選書 29

企業の持続的発展を支える人材育成
品質を核にする教育の実践

定価：本体 1,600 円（税別）

2019 年 1 月 31 日　第 1 版第 1 刷発行

監 修 者　一般社団法人　日本品質管理学会
著　　者　村川　賢司
発 行 者　揖斐　敏夫
発 行 所　一般財団法人　日本規格協会
　　　　　〒108-0073　東京都港区三田 3 丁目 13-12　三田 MT ビル
　　　　　　　　　　http://www.jsa.or.jp/
　　　　　　　　　　振替　00160-2-195146
印 刷 所　日本ハイコム株式会社
製　　作　有限会社カイ編集舎

© Kenji Murakawa, 2019　　　　　　　　　　Printed in Japan
ISBN978-4-542-50486-8

● 当会発行図書，海外規格のお求めは，下記をご利用ください．
販売サービスチーム：(03)4231-8550
書店販売：(03)4231-8553　注文 FAX：(03)4231-8665
JSA Webdesk：https://webdesk.jsa.or.jp/